Wissenschaftstheorie und Wissenschaften

Festschrift für Gerard Radnitzky

ERFAHRUNG UND DENKEN

Schriften zur Förderung der Beziehungen zwischen Philosophie und Einzelwissenschaften

Band 74

Wissenschaftstheorie und Wissenschaften

Festschrift für Gerard Radnitzky
aus Anlaß seines 70. Geburtstages

herausgegeben von

Hardy Bouillon · Gunnar Andersson

Duncker & Humblot · Berlin

Die Deutsche Bibliothek – CIP-Einheitsaufnahme

Wissenschaftstheorie und Wissenschaften: Festschrift für Gerard Radnitzky aus Anlass seines 70. Geburtstages / hrsg. von Hardy Bouillon; Gunnar Andersson. – Berlin: Duncker und Humblot, 1991
  (Erfahrung und Denken; Bd. 74)
  ISBN 3-428-07148-4
NE: Bouillon, Hardy [Hrsg.]; Radnitzky, Gerard: Festschrift; GT

Alle Rechte, auch die des auszugsweisen Nachdrucks, der fotomechanischen Wiedergabe und der Übersetzung, für sämtliche Beiträge vorbehalten
© 1991 Duncker & Humblot GmbH, Berlin 41
Fotoprint: Werner Hildebrand, Berlin 65
Printed in Germany

ISSN 0425-1806
ISBN 3-428-07148-4

Vorwort

Dieses Buch ist dem Verhältnis der Wissenschaftstheorie zu den Wissenschaften gewidmet. Es läßt Vertreter verschiedener Natur- und Geisteswissenschaften und Wissenschaftstheoretiker zu Wort kommen. Die Anordnung, in der die Beiträge der Wissenschaftler erscheinen, folgt einem einfachen Prinzip: von den „hard sciences" zu den „soft sciences", von den empirisch leichter prüfbaren zu den empirisch schwerer prüfbaren Wissenschaften. Die klassischen Naturwissenschaften, Physik, Chemie und Biologie, machen den Anfang. Dann folgen Ökonomie, Soziologie und Geschichte.

Fast alle Beiträge sind Vorträgen entwachsen, die im Juni 1989 während eines wissenschaftlichen Kolloquiums an der Universität Trier gehalten und diskutiert wurden. Heinrich Erben und Peter Munz haben ihre Aufsätze im nachhinein geschrieben und somit dazu beigetragen, dem breiten Spektrum der Wissenschaften Genüge zu tun. Allen Autoren wollen wir an dieser Stelle herzlich Dank sagen.

Das Thema der Trierer Tagung lautete: „Der Kritische Rationalismus und die Wissenschaften". Die jeweiligen Vertreter ihres Faches waren also eingeladen, insbesondere ihr Verhältnis zur Wissenschaftstheorie des Kritischen Rationalismus darzulegen. Das Tagungsthema war vor dem Hintergrund der im selben Jahr erfolgenden Emeritierung von Gerard Radnitzky, einem der wohl renommiertesten Vertreter des Kritischen Rationalismus, gewählt worden.

Sie zum Anlaß eines wissenschaftlichen Kolloquiums zu nehmen und damit die Verdienste von Gerard Radnitzky zu würdigen, war die Idee von Norbert Hinske. Er zeichnete auch verantwortlich für die Organisation dieser Tagung zu Ehren seines scheidenden Fachkollegen. Ihm, aber auch der Universität Trier, die das Symposion finanziell unterstützt und damit erst ermöglicht hat, sei ebenfalls an dieser Stelle herzlich gedankt.

Während der Planung des Kolloquiums kam der Gedanke auf, die Tagungsergebnisse in einem Band festzuhalten. Es war abzusehen, daß dessen Erscheinen in das Jahr fallen würde, in dem Gerard Radnitzky seinen 70. Geburtstag feiert. Deshalb ist das vorliegende Buch nicht nur ein integrierter Sammelband, sondern auch und insbesondere eine Festgabe zu Ehren von Gerard Radnitzky.

Die Herausgeber

Inhaltsverzeichnis

Hardy Bouillon
    Gerard Radnitzky:
    Kritischer Rationalist und Klassischer Liberalist   9

Gunnar Andersson
    Kritischer Rationalismus und Wissenschaftsgeschichte 21

Bernulf Kanitscheider
    Die Reichweite der Physik und das Problem des Szientismus . . . 31

Hans Primas
    Vor-Urteile in den Naturwissenschaften 49

Heinrich K. Erben
    Die Historizität der Natur und der Kritische Rationalismus 65

Peter Bernholz
    Einige wissenschaftstheoretische Probleme aus der Sicht des
    Nationalökonomen 85

Karl-Dieter Opp
    Das Modell rationalen Verhaltens. Seine Struktur und das Problem
    der „weichen" Anreize 105

Peter Munz
    Der Kritische Rationalismus in der Geschichtswissenschaft 125

Hardy Bouillon
    Braucht die Wissenschaft die Wissenschaftstheorie? 143

Autoren und Herausgeber 159

Gerard Radnitzky:
Kritischer Rationalist und Klassischer Liberalist

Von *Hardy Bouillon*

Eine Biographie ist ein Essay — im buchstäblichen Sinne von Versuch —, in dem rückblickend eine Sequenz von Einzelereignissen zum besseren Verständnis als zusammenhängend betrachtet wird. Sie ist auch eine Art Bilanz (ein Nekrolog in spe — wie *Gerard Radnitzky* sagen würde). Und sofern sie nicht *auto*biographisch ist, besteht sie nicht nur aus Daten, sondern auch aus Gesprächen. Leistet sie, was sie soll, dann spiegelt sie die Erfahrungen einer Generation, eben ein Stück Zeitgeschichte wider und zeigt Möglichkeiten im Leben auf — genutzte und ungenutzte —, die Rolle des Zufalls — dessen, was einem *zu-fällt*, wobei man oft erst im nachhinein, und meist sehr viel später, sagen kann, ob einem ein bestimmtes Ereignis zum Vor- oder Nachteil gereichte.

Radnitzky charakterisiert sich — wohl zutreffend — als „Individualist in einem sozialistisch-kollektivistischen Zeitalter" — eine Aera, die seit Kriegsende (zumindest für die sogenannte „westliche Welt") als das „sozialdemokratische" Zeitalter gelten kann und erst seit 1990 sich langsam ihrem Ende zuneigt — so scheint es wenigstens. Wer das Gefühl hat, mit seiner Meinung gegen den Strom der opinio communis zu schwimmen, neigt leicht zur Médisance. So auch *Radnitzky*, der ein durchaus streitbarer Autor ist.

Gerard Radnitzky (mit den offiziellen Vornamen: *Gerard Alfred Karl Norbert Maria*) wird am 2. Juli 1921 in Znaim geboren, einer südmährischen Kleinstadt im Grenzgebiet zu Niederösterreich, in dem überwiegend deutschsprachige Niederösterreicher leben. Mähren — man denke an *Mendel, Freud, Husserl, Mach* und *Gödel* — war ein kulturell sehr fruchtbarer Raum, den man aber zugunsten von Wien eben verließ. Die Habsburger Monarchie machte eine gegenseitige kulturelle Befruchtung der drei Bevölkerungsgruppen (Deutsch-Österreicher, Tschechen und Juden) möglich. Sie war — wie *Golo Mann* richtig betont — alles andere als ein „Völkerkerker", nämlich ein sehr wenig interventionistischer Staat. Ihr — der entschwindenden Monarchie — blieb die Familie *Radnitzky* stets sentimental verbunden. Die neugegründete Tschechoslowakische Republik, die sich Südmähren nach 1918 einverleibte, wurde zwar — entgegen allen Versprechungen — kein Nationenstaat, sondern ein Nationalstaat, in dem Deutsche, Slowaken und Ungarn zu benachteiligten Minderheiten wurden, aber laut *Radnitzky* bot der Alltag viel mehr an kleinen Freiheiten als z.B. die heutige Bundesrepublik. Man bewies auch eine große Aufgeschlossenheit gegenüber der angelsächsischen Welt; ein Grund, warum *Radnitzky* es rückblickend als Glück auffaßt, dort und nicht etwa in Österreich oder gar im Dritten Reich aufgewachsen zu sein. Dieser glückliche Zufall in seiner Lebensgeschichte — es sollte nicht der letzte sein — legte den Grundstein für eine lebenslange Bewunderung der angelsächsischen Tradition, der Wurzel des Klassischen Liberalismus. Der „Anschluß" des Grenzgebietes an das Deutsche Reich im Jahre 1938 bereitete den kleinen Freiheiten des Alltags ein jähes Ende. Was sich im Zuge der „Gleichschaltung" und „Volksgemeinschaftsideologie" vollzog, bot ihm den ersten Anschauungsunterricht für die These *von Hayeks*, der Sozialismus und Nationalismus seien die größten Geißeln unseres Jahrhunderts.

Am Znaimer Gymnasium — an dem einst *Gregor Mendel* als Hilfslehrer unterrichtete — macht *Radnitzky* sein Abitur. Von der Fliegerei begeistert — eine Faszination, die ihn sein Leben lang begleitet —, entdeckt der Abiturient *Gerard Radnitzky* sein Interesse für die Luftfahrttechnologie, was auch seinen Einsatz als Pilot während des 2. Weltkrieges erklärt, zunächst als Kampfflieger, später als Abfangjäger auf dem ersten Düsenjäger, der Me 262. Er sei, so sagt er später, ein „schlechter Soldat aber ein guter Kämpfer" gewesen. Den Militärdienst empfand er als moderne Form der Sklaverei, als völligen Verlust der Freiheit, als Zwangsarbeit, zu der man ohne Prozeß verurteilt wurde. Doch sie ermöglichte ihm auch Erfahrungen, die er im nachhinein nicht missen möchte: die mit der Technik verbundene Funktionslust, die Spannung im Luftkampf und die frühe Einsicht in die Vergänglichkeit und die Ungewißheit. Als Einzelkämpfer konnte man — so *Radnitzky* — noch am ehesten Individualist bleiben in einer ansonsten zermürbenden Maschinerie. Rechtzeitig, am 19. April 1945, setzt sich *Radnitzky* auf dem Luftwege nach Schweden ab.

Seitdem, so meint er, fühle er sich als gelernter Heimatloser. In Schweden verbringt er den Großteil seines Lebens, erwirbt schließlich die schwedische Staatsbürgerschaft. Das Schweden der Nachkriegszeit empfindet er als ein idyllisches Milieu mit ehrlichen und liebenswerten Menschen und einer weitgehend freien, privaten Marktwirtschaft. Der Reichtum des Landes, erworben in einer fruchtbaren 200jährigen kapitalistischen Periode, wurde — so *Radnitzky* — in den 60er Jahren und in zunehmendem Maße in den 70er Jahren allmählich aufgezehrt. Zum dritten Mal (nach den Erfahrungen mit der ČSR und dem Dritten Reich) erfährt er, wie es mit einem Land bergab geht — wie sich die Verhältnisse langsam aber stetig verschlechtern, wie die Freiheit ständig schrumpft. All das spielt sich sprichwörtlich „vor seinen Augen" ab und nährt sein Mißtrauen gegen jegliche Tendenz zu Korporativismus und Kollektivismus, eine Tendenz die er auch in Deutschland zu spüren glaubt.[1]

Die Frage: Wie ist ein friedliches Zusammenleben in einer modernen Gesellschaft möglich?, beschäftigt *Radnitzky* heute wie damals, als er noch unter dem direkten Eindruck der Kriegserlebnisse stand. Damals stellte sich ihm diese Frage geradezu auf natürliche Weise. Der Krieg hatte seine Spuren hinterlassen: Wie sollten die Erlebnisse der Prägejahre verarbeitet werden? Hatte er zunächst gelernt, in den Tag zu leben, wandte er sich nun existentiellen Fragen zu. Zur Philosophie kam er jedoch erst später.

Zunächst — nach einem kurzen Zwischenspiel im Bankfach — beginnt er das Studium der Psychologie und Statistik. (Als Ausländer ist ihm der Zugang zur Technischen Hochschule verwehrt.) Doch das wissenschaftstheoretische Selbstverständnis dieser Disziplinen erfüllt ihn bald mit Unbehagen; er beschreibt es später als „verwirrt und verwirrend".[2] Intuitiv merkt er, daß den Psychologen etwas fehlt: Man glaubt, als reine Empiriker arbeiten zu können, *ohne* eine wissenschaftstheoretische Position zu beziehen.

Bei den Stockholmer Philosophen findet er zwar nicht die erhoffte Wissenschaftstheorie, aber etwas anderes: zum einen die Einsicht, daß gewisse Fertigkeiten der formalen Logik unentbehrlich sind (daß aber ihr Marginalnutzen für die Wissenschaftstheorie rasch sinkt), und zum anderen — was er nach wie vor schätzt — die logische Analyse. In Stockholm wird die Philosophiegeschichte von der ständigen Frage begleitet: Was können wir von diesen Autoren, wenn wir sie (mit Hilfe moderner formeller Semantik und Logik) genügend präzisiert, z.B. axiomatisiert, haben, für unsere aktuellen Probleme in der Erkenntnistheorie oder Wissenschaftstheorie lernen? Kaum jemand studierte aus rein philosophiehistorischem Interesse in Stockholm.

Die schwedische Philosophie steht zu jener Zeit stark unter dem Einfluß des Logischen Positivismus. *Radnitzkys* erster Lehrer wird *Anders Wedberg*, der Doyen der schwedischen Philosophie — ein Kenner der Mathematikphilosophie und Liebhaber axiomatisierter Philosophiegeschichte. *Carnap, Goedel, Quine* und *Tarski* sind hoch geschätzt, *Wittgenstein* und *Popper* kaum. Wed-

---

[1] Vgl. Gerard Radnitzky, Einleitende Bemerkungen, in: *Ordnungstheorie und Ordnungspolitik*, Hg. G. Radnitzky und H. Bouillon, Heidelberg 1991.
[2] Gerard Radnitzky, „Vom logischen Positivismus über die Kritische Theorie zum Kritischen Rationalismus", in: *Philosophische Selbstbetrachtungen*, Série publiée sous les auspices de la Fédération Internationale des Societé de Philosophie, Bern / Frankfurt a.M. / Las Vegas 1981, S. 149. — Die vorliegende kurze Monographie greift über weite Strecken auf diese Selbstbetrachtungen sowie auf andere Aufzeichnungen zurück. Aber auch Eindrücke, Einsichten und Erfahrungen, die der Autor in den letzten acht Jahren als Schüler und Mitarbeiter von Gerard Radnitzky in zahlreichen Gesprächen sammeln konnte, haben in diesen Essay Eingang gefunden.

berg fing die geistige Stimmung mit dem hübschen und treffenden Bonmot ein: „Die größten Philosophen sind Gödel und Tarski — sie haben nur einen Nachteil: sie sind keine Philosophen." (Er meinte damit, daß außer der Logik und der formellen Semantik alles im Fach Philosophie eben nicht intellektuell respektabel sei.) Bei *Wedberg* wird *Radnitzky* mit der philosophischen und logischen Analyse vertraut, was er bis heute als sehr nützlich empfindet. Doch er erkennt rasch, daß die axiomatischen Rekonstruktionen nicht einmal auf physikalische Theorien anwendbar sind. Diese Einsicht gewinnt er während der Arbeit an seiner zweiten Lizentiatsarbeit[3] im Fach „Theoretische Philosophie". Das Thema lautet „Empirical Significance" und ist eine Auseinandersetzung mit der im Logischen Positivismus geführten Diskussion über das Demarkationsproblem (die Entwicklung von „testabilty" zu „translatability criteria"). (Seine erste Lizentiatsarbeit in „Praktische Philosophie" hatte zum Thema „Emotive Theory of Ethics".)

In Stockholm wurde *Radnitzky* mit *Hume* und dem *Wiener Kreis* vertraut gemacht. (Es ist von der Geistesgeschichte bisher unbemerkt geblieben, daß die *Uppsala Skola* vieles von dem vorweggenommen hatte, was der *Wiener Kreis* später ins Zentrum seiner Diskussionen stellte.)

Die zweite bedeutende Gestalt der schwedischen Philosophie, die *Radnitzky* nachhaltig beeinflußt, ist *Håkan Törnebohm*. Zu ihm ans Institut für Philosophie in Göteborg geht *Radnitzky* aus Unzufriedenheit mit der sterilen logischen Rekonstruktion, die damals in Stockholm betrieben wird. — *Törnebohm* bekommt später den ersten Lehrstuhl für Wissenschaftstheorie. Es gelingt ihm sogar, ein Institut für Wissenschaftstheorie einzurichten, das von der Philosophie völlig unabhängig ist. — *Radnitzky* hält es nach wie vor für erstrebenswert, daß die Wissenschaftstheorie ihre Kontakte nicht nur auf die Philosophie beschränke, sondern lieber die Kontakte zu den empirischen Disziplinen im allgemeinen pflege, z.B. auch durch das Erbringen von Serviceleistungen. Das Göteborger Institut arbeitet damals nach diesen Prinzipien und legt den Schwerpunkt auf die Beratung von Forschern, von Doktoranden und Habilitanden der verschiedensten Fächer, von der Physik und Biochemie bis hin zur Kunstgeschichte. *Radnitzky* meint heute wie damals, von empirischen Forschern weit mehr lernen zu können als von Fachphilosophen.

Törnebohm war Spezialist der Relativitätstheorie und blieb dank seiner engen Verbindung mit der Theoretischen Physik und der Astronomie von den Versprechungen der logischen Empiristen, wissenschaftstheoretische Probleme lösen zu können, unbeeindruckt.

Den Denkstil des logischen Empirismus mit seinem Zwei-Sprachenmodell (seinem Theorieninstrumentalismus und der Annahme von sicheren, theo-

---

[3] Das Lizentiatsexamen entspricht der deutschen Promotion.

rieneutralen Beobachtungssätzen) betrachtet *Radnitzky* im nachhinein als eine Hypothek, die lange Zeit so schwer auf der schwedischen Philosophie lastete, daß eine Befreiung von ihr kaum hätte gelingen können.

Einen erster Schritt, sich dieser Last zu entledigen, unternimmt *Radnitzky* in Zusammenarbeit mit *Håkan Törnebohm*. Doch eines von dessen wichtigsten Zielen, nämlich *Carnaps* Konfirmationstheorie mit *Poppers* Falsifikationismus in Einklang zu bringen, hält er für eine Sackgasse. Und so wird er erst später unter *Poppers* Einfluß den als Last empfundenen Denkstil des logischen Positivismus endgültig abschütteln.

Doch zunächst wird er durch einen weiteren Zufall des Leben mit *Karl-Otto Apel* bekannt, und durch diesen mit *Jürgen Habermas*. Die *Kritische Theorie* vermag ihn für eine kurze Zeit anzuziehen. Er verfolgt den ethisch-politischen Disput zwischen der *Frankfurter Schule* und dem *Kritischen Rationalismus* im sogenannten „Positivismusstreit". Mit einigen Vertretern *beider* Richtungen schließt er Freundschaft, Freundschaften, die ein Leben lang währen: mit *Karl Popper, Hans Albert* und mit *Karl-Otto Apel*. Dennoch sind es die Arbeiten von *Jürgen Habermas*, derer sich *Radnitzky* zunächst annimmt. In ihnen erblickt er, was er eine „hermeneutisch-dialektische" Richtung nennt; eine Auffassung, die er in eine Systemtheorie umzuformen versucht. Sein zweibändiges Werk *Contemporary Schools of Metascience* von 1968, in dem er diesen Versuch unternimmt, kommt gerade recht, um den Umschwung von der positivistischen Abstinenz in eine Flucht ins Engagement, der sich in Skandinavien abzuzeichnen beginnt, einzuläuten. Das Buch wird ein succès de scandal in der schwedischen Philosophie. Von ihm werden allein in Schweden 700 Exemplare verkauft.[4] Die scharfe Kritik am logischen Empirismus im ersten und das positive Bild der „hermeneutisch-dialektischen" Richtung im zweiten Band bringen *Radnitzky* in Schweden die Mißachtung der positivistischen Schule und den Ruf eines Radikalen ein; ein Ruf, der alle, die *Radnitzky* kennen, etwas schmunzeln läßt; ein Ruf aber auch, der, wie vor allem *Radnitzkys* spätere Arbeiten zeigen, in keiner Weise gerechtfertigt ist, vor allem nicht, wenn er auch für den Bereich des Politischen gedacht wird. Ganz anders als das Interesse für *Habermas* vermuten läßt, ist die Politische Philosophie von *Radnitzky* eine Mischung aus klassisch-liberalen und konservativen Elementen. (Daß dies mit der spät-marxistischen Gesellschaftslehre und Anthropologie der *Frankfurter Schule* schwerlich harmoniert, bedarf wohl keiner näheren Erläuterung.)

Für *Radnitzky* schließt in den 60er Jahren die damalige Hermeneutik und Phänomenologie dennoch eine wichtige Lücke bei der Behandlung wissen-

---

[4] Eine deutsche Übersetzung, die ein Verlag bereits besorgt hatte, zog *Radnitzky* zurück, weil er ein Kapitel über die Konfirmationstheorie bereute und meinte, auch die „hermeneutisch-dialektische" Tradition zu unkitisch dargestellt zu haben. Aber eine portugiesische Übersetzung existiert.

schaftstheoretischer Probleme der Sozial- und Geisteswissenschaften, wenn auch, wie er später einräumt, vieles, was ihm zunächst originell erschien, nur eine epigonale Melange ist aus *Hegel, Marx, Freud, Scheler, J.L. Austin* und (später) *Searle*.

Aber auch von Anfang an gibt es Dissenzen in den Details: *Radnitzky* hält die Erhebung der therapeutischen Situation in der Pschoanalyse auf die Ebene des Politischen für verfehlt. In der vermeintlichen Aufklärerrolle der dialektischen Methode erblickt er den Etikettenschwindel totalisierender Tendenzen: Diese finden ihren Ausdruck in der Forderung nach Handlungsrelevanz für jede wissenschaftliche Erkenntnis und in der These, allein das technische Interesse sei für naturwissenschaftliche Forschung „sinnkonstitutiv".

Für *Radnitzky* ist dies Ausdruck von Mißverständnissen: So wird zum einen der Unterscheidung zwischen der empirischen Prüfung von Theorien mit Hilfe technischer Instrumente und der Verwendung von (sogar falsifizierten) Theorien für die Gewinnung jener Technologien, mit deren Hilfe Meßinstrumente hergestellt werden, nicht Rechnung getragen. Und zum anderen wird übersehen, daß die Grundlagenforschung für eine Verbesserung unseres Weltbildes unverzichtbar ist, liefern doch gerade die „schärferen" Weltbilder neue und für die naturwissenschaftliche Forschung oftmals förderlichere Vorannahmen als die alten. Mit der Reduzierung der wissenschaftlichen Erkenntnis auf momentan praktische Zwecke beraubt man sich weiterer Erkenntnisse, die zudem für zukünftig praktische Zwecke von Nutzen sein könnten. Aber es ist nicht der Theorieninstrumentalismus allein, den die *Kritische Theorie* wiederbelebt. Auch die Konsenstheorie der Wahrheit erfährt durch sie eine Renaissance. Die vermeintlichen „Überwinder" der Idee der objektiven Wahrheit gehen dabei für *Radnitzky* aus zwei Gründen falsche Wege: Zum einen konfundieren sie Begriff und Feststellungsmethode von Wahrheit, und zum andern schließen sie vorschnell, daß ohne unfehlbare Feststellungsmethoden der Wahrheit oder Falschheit einer Aussage auch der Wahrheitsbegriff seine Brauchbarkeit verliere. Ernster noch als die Konsequenzen dieser Lehre für die Methodologie nimmt *Radnitzky* jene Folgen, die aus ihr für die Politik erwachsen. Denn dort verliert die Unterscheidung von Sein und Sollen ihren Zweck und tritt die objektive Wahrheit als regulative Idee für das politische Handeln in einer freiheitlichen Ordnung nicht mehr auf. Sei es *Apels* transzendentale Sprachpragmatik, die *Erlanger Schule* oder die *Frankfurter Schule*, sie alle bleiben für Radnitzky dem *begründungsphilosophischen Denkstil* verbunden. Sie beinhalteten aber auch die Gefahr anmaßender Autorität von Geltungsansprüchen, die durch „zwingende Argumente" oder „verbindliche Diskurse" begründet würden. Außerdem setzten sie in einer für den liberalen Privatrechtsstaat gefährlichen Weise geltende Politik der gültigen Erkenntnis gleich.

Die in abstracto erkannten Gefahren für den Privatrechtsstaat finden sich — in concreto — in der ein oder anderen Form im schwedischen Alltagsleben wieder. *Radnitzky* sieht die kleinen Freiheiten dahinschwinden. Deshalb bereut er es im nachhinein, den Ruf an die Pennsylvania State University, der 1968 an ihn ergeht, nicht angenommen zu haben. Er läßt die Gelegenheit, in die von ihm stets bevorzugte USA zu emigrieren, wo er, der „Libertarian", viele gleichgesinnte libertäre Freunde hat, ungenutzt. Er bereut dies umso mehr, weil gerade zu dieser Zeit die egalitaristische Ideologie im schwedischen Milieu — was er, wie er später einräumt, zunächst nicht ernst genug nimmt — sich immer stärker durchsetzt. 1972, während einer Gastprofessur an der SUNY at Stony Brook, nimmt er schließlich einen Ruf an die Ruhr Universität Bochum auf den Lehrstuhl für Wissenschaftstheorie an.

Die illiberalen und totalitären Tendenzen, die *Radnitzky* in der Politischen Philosophie der *Kritischen Theorie* entdeckt, führt er auf deren marxistische Elemente zurück, etwa auf die Vorliebe für riskante gesamtgesellschaftliche Problemlösungen. Die anfängliche Begeisterung für die *Kritische Theorie* kehrt sich nun in ihr Gegenteil und bringt die endgültige Hinwendung zum *Kritischen Rationalismus*. Für *Radnitzky* kann dieser für alle Problemlösungen, ausgenommen Sinnfragen, erfolgversprechend herangezogen werden.

Dies gilt im besonderen für Fragen der Wissenschaftstheorie. Die Arbeiten von *Thomas S. Kuhn* und *Paul Feyerabend* können ihn von dieser Auffassung nicht abbringen. Das gilt trotz der Faszination, die *Feyerabends* „erkenntnistheoretischer Dadaismus" auf ihn ausübt. (Ürigens sind bei aller Gegensätzlichkeit in der Sache *Radnitzky* und *Feyerabend* in all den Jahren Freunde geblieben.) Aber auch in *Imre Lakatos* (mit dcm er ebenfalls befreundet war, wenn auch durch dessen frühen Tod im Jahre 1972 leider nur kurz) sieht *Radnitzky* keinen Fortschritt gegenüber der *Popperschen* Methodologie, eher einen Rückschritt.

In seiner Bochumer Zeit organisiert er zusammen mit seinem langjährigen Freund und Mitarbeiter *Gunnar Andersson* die erste große internationale Konferenz (mit 35 prominenten Teilnehmern), aus der die recht erfolgreichen Sammelbände *Progress and Rationality in Science* und *Structure and Development of Science* hervorgehen, die beide auch in deutscher, spanischer und italienischer Übersetzung voriegen.

Mit dem *Kritischen Rationalismus* hält *Radnitzky* das begründungsphilosophische Denken und das mit diesem einhergehende Dilemma von Dogmatismus und Skeptizismus für überwunden: weder eine dogmatische Festsetzung gesichert geglaubter Erkentnis noch die Skepsis vermeintlicher Wahrheiten ist notwendig. Die begründungsphilosophische Zwickmühle betrachtet er als generierendes Dilemma, denn die skeptische Variante führe wiederum zu zwei möglichen Verfahrensweisen; sie könne sowohl in dem Versuch enden, die Wahrheit durch logische Zirkelschlüsse zu gewinnen, als auch in einem regressus infinitus. Zur Schilderung dieser Situation, die *Radnitzky* als generierendes

Dilemma charakterisiert, hat Hans Albert den ebenso hübschen wie berühmtgewordenen Begriff „Münchhausen Trilemma" geprägt.[5]

Poppers Methode von Versuch und Irrtum entgeht diesem generierenden Dilemma unter Verwendung eines kritischen Realismus sowie einer Minimalmethodologie:

1. Der Sprache wird eine Darstellungsfunktion zugesprochen und die Wahrheit, verstanden als zutreffende Darstellung, als regulative Idee anerkannt. So wird z.B. überlebenden Lebewesen ein gewisses Maß an richtigen Annahmen, Theorien zugestanden.
2. Mit Hilfe des modus tollens wird die Falschheit von der Konklusion auf die Falschheit der Prämissen zurückgeführt. Strategien, mit denen Theorien gegen Kritik geschwächt oder gar immunisiert werden, finden Ablehnung.

In der Philosophie spielt der *Kritische Rationalismus* nur eine Außenseiterrolle. Nicht so in den empirisch arbeitenden Wissenschaften. (Das zeigt sich auch im Aussehen dieser Festschrift, was diese im übrigen zum Ausdruck bringen soll.) *Popper* ist für *Radnitzky* der größte Wissenschaftstheoretiker unseres Jahrhunderts. Nach den Fortschritten in der Wissenschaftstheorie des *Kritischen Rationalismus* gefragt, verweist er auf seinen kürzlich verstorbenen, engen Freund *William Warren Bartley, III.* und *Gunnar Andersson*.

Bartley zeige mit seinem „Pankritischen Rationalismus", daß selbst die Ausgangsposition des *Kritischen Rationalismus*, der prinzipielle Fallibilismus, nicht dogmatisiert werden müsse und daß dies nicht zu semantischen Paradoxen führe.[6]

Andersson zeige, wie von Prüfsätzen mit Hilfe von Hilfshypothesen schließlich solche Prüfsätze ableitbar seien, die „unproblematisch" seien und eine Kommensurabilität von inkommensurabel geglaubten Prüfsätzen erlaubten. Dies lasse die Inkommensurabilitätsthese verpuffen. *Andersson* erbringe auch erstmalig die *metalogischen Argumente* für *sämtliche* Arten von Falsifikationsargumenten.

Die Möglichkeit Arbeitsgruppen zu organisieren — vor allem im Rahmen der *International Conferences on the Unity of the Sciences* — bieten für *Radnitzky* sehr fruchtbare Inspirationsquellen, „invisible colleges", und führen zu einem weltweiten Kontaktnetz von Forschern, die an Grundlagenproblemen

---

[5] Vgl. Hans Albert, *Traktat über kritische Vernunft* (1968), Tübingen 1975 (3. Auflage), S. 11ff.
[6] Mit *Bartley* arbeitete *Radnitzky* über Jahre hinweg sehr intensiv zusammen. Gemeinsam gaben sie die Anthologie heraus, *Evolutionary Epistemology, Theory of Rationality, and the Sociology of Knowledge*, New York: Open Court 1987.

interessiert sind. Aus solchen Arbeitstagungen sind eine große Zahl von Sammelbänden hervorgegangen.[7] Viele gehen weit über die Wissenschaftstheorie hinaus, sind aber dennoch immer eng an die Wissenschaftstheorie des *Kritischen Rationalismus* angebunden.

Kommen wir zu einigen von *Radnitzkys* wissenschaftstheoretischen Positionen: Wissenschaftliche Bewertung und Anwendung von Theorien in Form von Technologien sind für *Radnitzky* getrennt zu sehen. Eine Theorie T_1 kann der Wahrheit zwar näher sein als eine konkurrierende Theorie T_2, doch führt dies nicht notwendigerweise zur Bevorzugung von T_1 bei der Erstellung von Technologien. Kommt T_2 für praktische Anwendungen der Wahrheit hinreichend nahe, und ist sie T_1 im Hinblick auf die praktische Umsetzung in eine Technologie weit überlegen, dann ist sie aus Wirtschaftlichkeitsüberlegungen heraus T_1 vorzuziehen.

Solche und andere ökonomischen Überlegungen spielen im späteren methodologischen Schaffen *Radnitzkys* eine bedeutende Rolle: Kein Forscher kommt umhin, Kosten-Nutzen-Überlegungen zur Bedeutung künftiger Forschungsprobleme anzustellen. Kein Forschungsminister kann sich Rentabilitätserwägungen bei der Auswahl von förderungswürdigen Projekten der Grundlagenforschung entziehen.

Die Idee der Wahrheit als regulatives Prinzip für die Gewinnung wissenschaftlicher Erkenntnis erlaubt, auf dogmatische Festsetzungen von Lehrmeinungen zu verzichten, ohne gleichzeitig dem Skeptizismus zu verfallen. Die prinzipielle Fallibilität jeglicher Erkenntnis klassifiziert alles Wissen als Vermutungswissen. Im Bereich des Politischen bedeutet die prinzipielle Revidierbarkeit aller Theorien ein behutsames Vorgehen bei institutionellen Veränderungen: schrittweise Erfolgskontrolle statt gesamtgesellschaftlicher Umwälzungen, Bewahrung gewachsener Strukturen von bislang unerkannter Vorteilhaftigkeit; und dies, um die einmal begangenen Fehler aufgrund späterer Einsichten noch wirksam korrigieren zu können.

Anfang der 80er Jahre macht *Radnitzky* eine für ihn äußerst wichtige „Entdeckung": *Friedrich August von Hayek.* In ihm erkennt er den größten Sozialphilosophen unseres Jahrhunderts. Diese Entdeckung entfernt ihn jedoch

---

[7] Hierzu zählen u.a. *Economic Imperialism: The Economic Approach Applied Outside the Field of Economics*, New York: Paragon House, die zwei Bände *Centripetal Forces in the Sciences*, New York: Open Court 1988, 1989, *Universal Economics: Assessment of the Achievements of the Economic Approach*, New York: Paragon House Publishers 1991 und *Ordnungstheorie und Ordnungspolitik*, Heidelberg 1991. Das Universitätsmilieu erscheint Radnitzky im Vergleich mit den „invisible colleges" als völlig steril, verschult und bürokratisiert; vgl. *Die ungewisse Zukunft der Universität. Folgen und Auswege aus der Bildungskatastrophe*, Hg. H. Bouillon und G. Radnitzky, Berlin: Duncker & Humblot, 1991.

von der Wissenschaftstheorie — zu der er dennoch immer wiederkehrt — und bindet ihn fester an die Politische Philosophie. Die Hybris der Vernunft, der Glaube an die Allmacht menschlicher Erkenntnisfähigkeit, und die Mißachtung der in der kulturellen Evolution spontan sich ordnenden Systeme von Verhaltensregeln sind für *Hayek* die grundlegenden Irrtümer des konstruktivistischen Rationalismus, die zu Sozialismus und totalitärer Demokratie geführt haben. In *Hayek* findet *Radnitzky* die bestgelungene Verschmelzung von *Kritischem Rationalismus* und *Klassischem Liberalismus*.

Doch seine impliziten Zweifel an der Harmonie liberaler Ideen und einer offenen, demokratischen Gesellschaft erhalten bald in der Person und dem Werk von *Anthony de Jasay* (ein origineller, scharfer Denker, von dem *Radnitzky* meint, viel gelernt zu haben und lernen zu können) unerwartet Nahrung. Denn jener bestärkt *Radnitzky* in der Annahme, daß die Demokratie Anreize zur Beschneidung von Freiheitsrechten bietet, die sie selbst nicht wieder ausräumen kann. Die demokratische Methode der Kollektiventscheidungen eröffnet der Mehrheit die Möglichkeit, über all diejenigen Bereiche kollektiv abzustimmen, über die sie kollektiv abstimmen möchte. Ist die „bare majority rule" erst einmal legitimiert, gibt es — so läßt sich zumindest spieltheoretisch zeigen — nichts, was die Mehrheit davon abhalten könnte, den Bereich der kollektiven Entscheidungen soweit auszudehnen, wie sie möchte. Was sollte sie aufhalten? In diesem Spannungsfeld zwischen Liberalismus und Demokratie sucht *Radnitzky* in den letzten Jahren nach Lösungen für einen Privatrechtsstaat (im Sinne von *Franz Böhm*).

Mit den Werkzeugen der logischen Analyse, der Wissenschaftstheorie und der Erkenntnistheorie bestehen, so *Radnitzky*, gute Aussichten, solche Probleme zu durchleuchten. Seine individuellen Lebenserfahrungen — die er weitgehend durch die Zufälle des Lebens bestimmt sieht — bestärken ihn in der Auffassung, daß diese Probleme dringlicher sind als viele Probleme der allgemeinen oder speziellen Wissenschaftstheorie — mag auch die Erkenntnistheorie die haute couture des philosophischen Denkens darstellen. Den Bedrohungen der Freiheit durch den „schleichenden Sozialismus" könne der Philosoph nur Argumente entgegensetzen, in der Hoffnung, daß andere sie kritisch prüfen mögen — denn, einmal als richtig empfunden, müßten auch die Konsequenzen aus der Einsicht gezogen werden. Darin, die Verfassung der Freiheit zu verteidigen, sieht *Radnitzky* sein künftiges Betätigungsfeld, das ihm Befriedigung bringen könne. Ob es dem tendenziellen Verfall der Freiheit, wenngleich mit kleinem Beitrag, entgegenwirken könne, bleibe offen. Dafür einzutreten sei eine subjektive Wahl — eine Wahl, die Verfassung der Freiheit zu wünschen und sich um sie zu bemühen.[8]

---

[8] Vgl. Gerard Radnitzky, „Towards a Europe of free societies: Evolutionary competition or constructivistic design", in: *Ordo* 42, 1991, im Druck.

Auf diesem Feld dürfen wir also auch in Zukunft mit wichtigen Forschungsbeiträgen aus der Feder von *Gerard Radnitzky* rechnen. Denn seine ungebrochene Arbeitsfreude und seinen unermüdlichen Arbeitseifer hat er sich ebenso bewahren können wie seine kritische Aufgeschlossenheit für das Neue. Sie verleihen ihm, dem Wissenschaftstheoretiker und Philosophen, einen hohen Rang. Das spiegeln auch die Mitgliedschaften in hoch angesehenen wissenschaftlichen Gesellschaften wider, in die *Radnitzky* eingewählt wurde: als Membre Titulaire der *Académie Internationale de Philosophie des Sciences*, als ordentliches Mitglied der *Sudetendeutschen Akademie der Wissenschaften und Künste* sowie als Mitglied der *Mont Pèlerin Society*. Doch nicht minder als sein Rang als Wissenschaftstheoretiker ist sein Rang als Mensch, der *Gerard Radnitzky* dank seiner liebenswerten und unverwechselbaren Nonchalance ohne Zweifel gebührt.

Kritischer Rationalismus und Wissenschaftsgeschichte

Von *Gunnar Andersson*

I. Einleitung

Der Kritische Rationalismus kann viel zum Verständnis der geschichtlichen Entwicklung der Wissenschaften beitragen. Um diese These plausibel zu machen, ist es notwendig, sich mit der sogenannten Neuen Wissenschaftsphilosophie kritisch auseinanderzusetzen. Diese Richtung entstand in den fünfziger und sechziger Jahren. Sie war von Wittgensteins Spätphilosophie stark beeinflußt und kritisierte vor allem die damals in den USA vorherrschende positivistische Wissenschaftstheorie des logischen Empirismus. Vertreter der neuen Wissenschaftsphilosophie, wie Thomas Kuhn, Paul Feyerabend, Norwood Russell Hanson, Stephen Toulmin und andere, betrachteten die im logischen Empirismus verwandte logische Analyse der Wissenschaft als unfruchtbar und als ungeeignet, die Wissenschaft und ihre geschichtliche Entwicklung zu verstehen. Statt der statischen logischen Analyse der Wissenschaft schlugen sie eine geschichtliche Analyse der Entwicklung der Wissenschaft vor. Diese Auseinandersetzung mit der Wissenschaftsgeschichte endete in einem geschichtlichen Relativismus. Es ist nicht das erste Mal, daß eine Auseinandersetzung mit der Geschichte zu Relativismus führt. In der Wissenschaftstheorie ist aber der geschichtlich motivierte Relativismus besonders unzufriedenstellend. Wolfgang Stegmüllers Auffassung, daß wissenschaftliche Hypothesen keine echten Aussagen sind, und Imre Lakatos' Methodologie der wissenschaftlichen Forschungsprogramme sind verschiedene Versuche, diesen Relativismus zu überwinden.[1] Hier soll gezeigt werden, daß der wissenschaftsgeschichtlich motivierte Relativismus innerhalb des Kritischen Rationalismus überwunden werden kann. Um diese These plausibel zu machen, muß zuerst untersucht werden,

---

[1] Imre Lakatos, „Falsifikation und die Methodologie wissenschaftlicher Forschungsprogramme", in: *Kritik und Erkenntnisfortschritt*, Hg. I. Lakatos und A. Musgrave, Übers. P. K. Feyerabend und A. Szabó, Braunschweig 1974; Wolfgang Stegmüller, *Probleme und Resultate der Wissenschaftstheorie und analytischen Philosophie*, Bd. 2, *Theorie und Erfahrung*, Berlin 1973, Kap. 8-9.

zu welchen Ergebnissen die Auseinandersetzung der neuen Wissenschaftsphilosophie mit der Wissenschaftsgeschichte führte, worin ihre wissenschaftsgeschichtlich motivierte Kritik des Kritischen Rationalismus bestand.[2]

II. Wissenschaftsgeschichtliche Kritik des Kritischen Rationalismus

Grundlegend für die Wissenschaftstheorie des Kritischen Rationalismus ist die Auffassung, daß wissenschaftliche Hypothesen empirisch widerlegt werden können. Logisch betrachtet wird die allgemeine Hypothese „Alle Schwäne sind weiß" von einem einzigen Prüfsatz über einen beobachteten schwarzen Schwan falsifiziert, während keine Anzahl von beobachteten weißen Schwäne die Hypothese verifizieren kann. Falls eine Hypothese bei empirischer Prüfung widerlegt wird, so soll sie aufgegeben und durch eine neue ersetzt werden. Wenn eine Hypothese bei empirischer Prüfung sich bewährt, so bleibt sie nach Auffassung der kritischen Rationalisten doch eine fehlbare Vermutung, die bei der nächsten empirischen Prüfung widerlegt werden kann. Kennzeichnend für gute wissenschaftliche Forschung ist, daß kühne Hypothesen aufgestellt werden, um Probleme zu lösen, und daß diese Hypothesen nachträglich so streng wie möglich empirisch geprüft werden.

Diese Darstellung der Wissenschaftstheorie des Kritischen Rationalismus ist logisch unproblematisch und klingt recht überzeugend. Doch sind Vertreter der neuen Wissenschaftsphilosophie, wie Kuhn und Feyerabend, überzeugt, daß die Wissenschaft geschichtlich betrachtet sich ganz anders entwickelt. Zunächst zeige die Wissenschaftsgeschichte, daß falsifizierte Theorien selten aufgegeben und von neuen ersetzt werden. Normalerweise wird eine falsifizierte Theorie nicht vollständig aufgegeben, sondern mehr oder weniger geringfügig modifiziert. Wissenschaftliche Revolutionen, wie die Kopernikanische Revolution in der Astronomie oder der Übergang von der Phlogiston- zu der Sauerstofftheorie in der Chemie, sind in der Wissenschaftsgeschichte seltene Ereignisse und gehören nicht zur normalen Forschung, wie man vielleicht auf Grund der Wissenschaftstheorie des Kritischen Rationalismus glauben könnte. In der normalen Forschung wird nicht versucht, grundlegende Theorien zu widerlegen oder zu kritisieren, sondern sie werden verwendet, um Probleme oder, wie Kuhn sie nennt, Rätsel zu lösen. In der normalen wissenschaftsgeschichtlichen Praxis spielten also eine kritische Einstellung, Falsifikationsversuche und Falsifikationen von Theorien keine Rolle.[3]

---

[2] Vgl. Gunnar Andersson, *Kritik und Wissenschaftsgeschichte: Kuhns, Lakatos' und Feyerabends Kritik des Kritischen Rationalismus*, Tübingen 1988.
[3] Thomas S. Kuhn, *Die Struktur wissenschaftlicher Revolutionen*, Übers. K. Simon und H. Vetter, 2. Auflage, Frankfurt am Main 1976, Kap. 3-4.

Mit wissenschaftsgeschichtlichen Beispielen versuchen Kuhn und Feyerabend zu zeigen, daß Prüfsätze über Beobachtungen und Experimente theorienabhängig und fehlbar seien. Es gebe also keine sichere empirische Basis der Wissenschaft.[4] Diese Kritik trifft vor allem die positivistische Wissenschaftsauffassung. Aber nach Meinung der neuen Wissenschaftsphilosophie trifft sie auch die Wissenschaftstheorie des Kritischen Rationalismus. Wenn widerlegende Prüfsätze nicht sicher sind, so sind auch Falsifikationen von Hypothesen nicht sicher. Kuhn fragt, was eine Falsifikation ist, wenn nicht eine zwingende Widerlegung.[5] Er fragt weiter, wie theorienabhängige und fehlbare Prüfsätze in der Praxis ausgewählt werden sollen, und meint, daß die Wissenschaftstheorie des Kritischen Rationalismus keine Antwort auf diese Frage gibt. Deshalb sei die Wissenschaftstheorie des Kritischen Rationalismus naiv und setze in der Praxis doch voraus, daß es sichere Prüfsätze gebe.[6] Nach den Vertretern der neuen Wissenschaftsphilosophie hängt es von grundlegenden theoretischen Annahmen ab, nicht nur wie die Erfahrung gedeutet wird, sondern sogar welche Erfahrungen gemacht werden. Wissenschaftler mit verschiedenen grundlegenden Theorien lebten sozusagen in verschiedenen Welten. Nach Kuhn soll ein Vertreter der Phlogistontheorie, wie Priestley, Luft ohne Phlogiston in dem gleichen Experiment gesehen haben, in dem ein Vertreter der Sauerstofftheorie, wie Lavoisier, Sauerstoff sah.[7] Dies führe dazu, daß konkurrierende wissenschaftliche Theorien empirisch inkommensurabel seien. Damit bricht der Empirismus der neueren Wissenschaftstheorie zusammen. Der Übergang von einer Theorie zu einer anderen sei nicht das Resultat unabhängiger empirischer Prüfung, sondern beruhe auf Überredung, Propaganda, Bekehrungen und anderen subjektiven Faktoren.[8] Dies ist die relativistische Konsequenz der neuen Wissenschaftsphilosophie.

III. Stellungnahme zu der Kritik

Es sieht so aus, als ob die Vertreter der neuen Wissenschaftsphilosophie mit wissenschaftsgeschichtlichen Beispielen zeigen könnten, daß die Wissen-

---

[4] Kuhn, *Die Struktur wissenschaftlicher Revolutionen*, a.a.O., Kap. 10; Paul K. Feyerabend, *Wider den Methodenzwang*, Übers. H. Vetter und P. K. Feyerabend, 2. Auflage, Frankfurt am Main 1983, Kap. 9-10.
[5] Thomas S. Kuhn, „Logik der Forschung oder Psychologie der wissenschaftlichen Arbeit?", in: *Kritik und Erkenntnisfortschritt*, Hg. I. Lakatos und A. Musgrave, Übers. Paul K. Feyerabend und A. Szabó, Braunschweig 1974, S. 16.
[6] Kuhn, „Logik der Forschung oder Psychologie?", a.a.O., S. 14f.
[7] Kuhn, *Die Struktur wissenschaftlicher Revolutionen*, a.a.O., S. 130.
[8] Kuhn, *Die Struktur wissenschaftlicher Revolutionen*, a.a.O., S. 161-63; Feyerabend, *Wider den Methodenzwang*, a.a.O., Kap. 12.

schaftstheorie des Kritischen Rationalismus unzufriedenstellend sei, als ob die Wissenschaftsgeschichte der Wissenschaftstheorie den Kritischen Rationalismus widerlegte. Die wissenschaftsgeschichtliche Kritik geht dabei von zwei Problemen aus:

1. das Problem, daß falsifizierte Theorien oft nicht vollständig aufgegeben, sondern modifiziert werden. Nennen wir dieses Problem das Falsifikationsproblem!
2. das Problem, daß die Erfahrung theorienabhängig ist, was zum Inkommensurabilitätsproblem führt. Fassen wir es als das Problem der empirischen Prüfung zusammen!

Um zu der wissenschaftsgeschichtlichen Kritik Stellung nehmen zu können, soll das Falsifikationsproblem und das Prüfproblem näher untersucht werden.

IV. Falsifikationsproblem

Das Falsifikationsproblem besteht darin, daß, geschichtlich betrachtet, falsifizierte Theorien selten vollständig verworfen und von ganz neuen ersetzt werden. Die Wissenschaftsgeschichte belegt, daß große wissenschaftliche Revolutionen relativ selten vorkommen. Wie Kuhn zu Recht behauptet, werden falsifizierte Theorien normalerweise nicht vollständig verworfen, sondern modifiziert. Zeigt dies, daß die Wissenschaftstheorie des Kritischen Rationalismus unrealistisch ist, etwa daß sie die Rolle der Kritik in der Wissenschaft überbewertet? Welche Konsequenzen soll die Falsifikation einer Theorie haben? Dieses methodologische Problem muß zuerst geklärt werden.

Das Problem der empirischen Überprüfung von komplizierten theoretischen Systemen ist bisher in der Wissenschaftstheorie wenig behandelt worden. In seiner klassischen Arbeit *Logik der Forschung* behandelt Popper hauptsächlich die empirische Überprüfung von isolierten Hypothesen.[9] Das ist eine ernste Begrenzung, denn in der Praxis werden Hypothesen selten isoliert geprüft, sondern meistens nur zusammen mit anderen Hypothesen oder als ganze Theorien. Sind theoretische Systeme empirisch prüfbar und empirisch widerlegbar? Um eine Antwort auf diese Fragen zu finden, muß Poppers Ansatz in *Logik der Forschung* erweitert werden. Theoretische Systeme sind unter ganz bestimmten Bedingungen empirisch widerlegbar, und zwar genau dann, wenn aus ihnen empirische Prognosen ableitbar sind.[10] Falls bei empirischer Prüfung solche Prognosen nicht eintreffen, dann ist das theoretische System als Ganzes wider-

---

[9] Karl R. Popper, *Logik der Forschung*, 7. Auflage, Tübingen 1982, Kap. 5.
[10] Andersson, *Kritik und Wissenschaftsgeschichte*, a.a.O., S. 23-30.

legt. Wenn es sich um komplizierte theoretische Systeme handelt, die aus mehreren Hypothesen bestehen, dann kann man nicht wissen, welche Teile des Systems falsch sind. Es ist möglich, daß eine zentrale und wichtige oder eine periphere und unwichtige Hypothese falsch ist. Man kann nur Vermutungen darüber aufstellen, welche Teile der Theorie falsch sind. Bei wissenschaftlichen Revolutionen werden zentrale Hypothesen der Theorie ausgewechselt. Bei der Kopernikanischen Revolution wurde z.B. die Hypothese, daß die Erde das Zentrum des Weltalls sei, aufgegeben. Dagegen wird bei der sogenannten normalwissenschaftlichen Forschung die Theorie dadurch modifiziert, daß weniger zentrale Teilhypothesen ausgewechselt werden. Logisch betrachtet wird auch bei den normalwissenschaftlichen Forschungsstrategien die widerlegte Theorie geändert. Es ist ein Irrtum zu glauben, daß empirisch widerlegte Theorien vollständig aufgegeben werden müssen. Es ist sehr wohl möglich, daß die Widerlegung darauf beruht, daß eine unwichtige Teilhypothese der Theorie falsch ist, daß der Fehler deshalb durch eine kleine Modifikation der widerlegten Theorie beseitigt werden kann.

Ein Beispiel aus der Wissenschaftsgeschichte soll dies erläutern. Als man im 19. Jahrhundert die Bahn des Planeten Uranus berechnete, fand man, daß sie nicht in Übereinstimmung mit den aus der Newtonschen Dynamik abgeleiteten Prognosen war. Dies könnte als eine Falsifikation der Newtonschen Theorie aufgefaßt werden. Damals nahm man aber nicht an, daß Newtons Theorie falsch war, sondern daß Uranus von einem unbekannten Planeten gestört wurde. Ist dies ein Beispiel dafür, daß eine Falsifikation nicht ernstgenommen wird, daß eine neue Hypothese ad hoc eingeführt wurde, um eine Falsifikation zu vermeiden? Nein! Geprüft wurde ein theoretisches System, bestehend aus Newtons Theorie und aus einer Hilfshypothese über die Struktur des Sonnensystems. Die Falsifikation trifft das System als Ganzes: Newtons Theorie oder die Hypothese über das Sonnensystem oder beide sind falsch. Wenn die Hilfshypothese modifiziert wird, ist das theoretische Gesamtsystem geändert, die Falsifikation ist ernst genommen, keine Kritikimmunisierung hat stattgefunden. Deshalb ist die vorsichtige Forschungsstrategie, die darin besteht, daß widerlegte Theorien geringfügig geändert werden, vom Standpunkt des Kritischen Rationalismus durchaus erlaubt. Die Kritik der neuen Wissenschaftsphilosophie, daß die Wissenschaftstheorie des Kritischen Rationalismus unrealistisch sei, weil falsifizierte Theorien nicht immer vollständig verworfen werden, beruht auf dem logischen und methodologischen Mißverständnis, daß falsifizierte Theorien vollständig verworfen oder eliminiert werden müssen.

Nun gibt es radikale Stellen bei Popper, etwa daß in der Wissenschaft eine permanente Revolution stattfinden soll.[11] Poppers wissenschaftstheoretischer

---

11 Karl R. Popper, „Replies to my critics", in: *The Philosophy of Karl Popper*, Hg. P. A. Schilpp, La Salle, Ill.: Open Court, 1974, S. 1147.

Radikalismus kontrastiert stark zu seinem sozialphilosophischen Reformismus und Plädoyer für schrittweise politische Reformen.[12] Nun argumentiert Popper zu Recht, daß es ein großer Unterschied zwischen einer mißlungenen wissenschaftlichen Hypothese und einer mißlungenen Politik ist. In der Wissenschaft führen Irrtümer nur zur Aufgabe von Hypothesen, in der Politik unter Umständen zu viel menschlichem Leiden. Trotzdem hat die vorsichtige Strategie nicht nur in der Politik, sondern auch in der Forschung ihren Platz. In jedem Bereich, auch in der Wissenschaft, sind Problemlösungen ein knappes Gut. Wenn eine Problemlösung unzufriedenstellend ist, dann wird aus pragmatischen Gründen die erste Reaktion sein zu untersuchen, ob nicht kleine Modifikationen der vorhandenen Problemlösungen ausreichen, um das Problem zu lösen. Wenn Ihr Auto am Morgen nicht startet, dann greifen Sie nicht sofort zu der radikalen Strategie, das Auto zu verschrotten, sondern Sie untersuchen zuerst, ob nicht kleine Modifikationen ausreichen, um das Auto zu starten. Daß in der Wissenschaft und Politik eine ähnlich vorsichtige Strategie oft verwendet wird, zeigt nicht, daß Probleme nicht ernst genommen werden, sondern daß man zuerst untersucht, ob nicht einfache Problemlösungen ausreichen.

V. Problem der empirischen Prüfung

Ausgehend von wissenschaftsgeschichtlichen Beispielen argumentierten Vertreter der neuen Wissenschaftsphilosophie, daß die Erfahrung theorienabhängig sei, was nicht nur dazu führe, daß Prüfsätze fehlbar sind, sondern auch dazu, daß, nach Auffassung der neuen Wissenschaftsphilosophie, konkurrierende Theorien empirisch nicht vergleichbar, d.h. inkommensurabel, seien.

Zunächst sind kritische Rationalisten auch der Auffassung, daß die Erfahrung theorienabhängig und fallibel ist. In seinen frühen wissenschaftstheoretischen Arbeiten kritisiert Popper gerade die positivistische Annahme, daß es eine absolut sichere empirische Basis der Wissenschaft gebe.[13] Kuhns Kritik besteht aber darin, daß Popper die methodologischen Konsequenzen aus dieser Einsicht nicht gezogen habe. Kuhn fragte z.B., ob Falsifikationen mit fehlbaren Prüfsätzen überhaupt möglich seien.[14] Wenn Falsifikation eine logisch und faktisch zwingende Widerlegung bedeuten soll, ist das selbstverständlich unmöglich. Falsifikationen sind nur logisch aber nicht faktisch zwingend. D.h., daß die falsifizierte Hypothese nur dann mit Sicherheit falsch ist, wenn der falsifizierende Prüfsatz wahr ist. Dies hat aber nur die Konsequenz, daß Falsifika-

---

[12] Karl R. Popper, *Das Elend des Historizismus*, Übers. Leonhard Walentik, 5. Auflage, Tübingen 1979, S. 21.
[13] Popper, *Logik der Forschung*, a.a.O., S. 15f.
[14] Kuhn, „Logik der Forschung oder Psychologie?", a.a.O., S. 14.

tionen bedingt und fehlbar sind. Das ist in einer Wissenschaftstheorie, welche die Fehlbarkeit des Wissens betont, nur konsequent.

Popper wird weiter vorgeworfen, daß er zwar die Fehlbarkeit der Prüfsätze einsieht, daß er aber keinen Ersatz für die sichere empirische Basis des Positivismus anbietet.[15] In einer kritizistischen Wissenschaftstheorie müßte irgendein Verfahren für die kritische Diskussion der Prüfsätze angegeben werden. Bietet der Kritische Rationalismus ein solches Verfahren an?

Die Wissenschaftstheorie des Kritischen Rationalismus verlangt, daß geprüfte empirische Effekte reproduzierbar sein sollen, daß Beobachtungen und Experimente im Prinzip von jedermann wiederholt werden können sollen. Prüfsätze über nicht reproduzierbare Effekte sollen nicht wissenschaftlich anerkannt werden, auch wenn der Beobachter subjektiv völlig davon überzeugt ist, daß seine Beobachtungen richtig sind.[16]

Ein Beispiel sind die vielen Berichte über das Ungeheuer in dem schottischen See Loch Ness. Die Beobachter werden als durchaus vernünftig und zuverlässig beschrieben, und sie sind subjektiv völlig davon überzeugt, ein unbekanntes und seeschlangenähnliches Tier im See beobachtet zu haben. Ihre Berichte werden aber wissenschaftlich nicht anerkannt, weil sie nicht regelmäßig wiederholt werden können, trotz des Einsatzes von Unterseebooten und elektronischer Überwachung der Wasseroberfläche. Wissenschaftlich betrachtet ist das Ungeheuer im Loch Ness ein offenes Problem.

Ein anderes Beispiel ist die Beobachtung des hypothetischen Planeten Vulkan im 19. Jahrhundert. Um Störungen in den Bewegungen des Planeten Merkur erklären zu können, nahm man an, daß ein unbekannter Planet zwischen Merkur und der Sonne sich bewegt. Die Bahn des unbekannten Planeten wurde berechnet und viele Versuche wurden unternommen, um den Planeten zu beobachten. Viele Astronomen meinten auch, daß sie den Planeten beobachtet hätten. Die französische Wissenschaftsakademie erteilte sogar einen Preis an den Entdecker des Planeten — etwas voreilig, denn die Beobachtungen konnten nie regelmäßig wiederholt werden.[17] Heute ist man der Auffassung, daß alle Beobachtungen von Vulkan falsch waren, daß es keinen Planeten zwischen der Sonne und Merkur gibt. Die Forderung nach Reproduzierbarkeit macht es also möglich, einzelne Prüfsätze zu kritisieren und auf die positivistische Forderung zu verzichten, daß Prüfsätze absolut sicher sein müssen.

Löst aber die Idee der Reproduzierbarkeit alle Probleme, die auf der Theorienabhängigkeit der Erfahrung beruhen? Wie ist es mit dem Inkommensurabi-

---

15 Kuhn, „Logik der Forschung oder Psychologie?", a.a.O., S. 14f.
16 Popper, *Logik der Forschung,* a.a.O., S. 27.
17 Norwood Russell Hanson, „Leverrier: The Zenith and Nadir of Newtonian mechanics", in: *Isis* 53, 1962, S. 365-77.

litätsproblem, mit der Behauptung, daß Vertreter verschiedener Theorien sozusagen in verschiedenen Welten leben und verschiedene Erfahrungen machen? Wenn es, wie Kuhn behauptet, richtig sein sollte, daß Priestley Luft ohne Phlogiston dort sah, wo Lavoisier Sauerstoff sah, ist es nicht so, daß diese Beobachtungen in dem Sinne reproduzierbar sind, daß ein Anhänger der Phlogistontheorie regelmäßig Luft ohne Phlogiston dort sieht, wo ein Anhänger der Sauerstofftheorie Sauerstoff sieht? Dann wäre die Inkommensurabilität der konkurrierenden Theorien in einem gewissen Sinne sogar reproduzierbar!

Karl Popper behauptet, daß Prüfsätze durch Ableitung von neuen Prüfsätzen kritisiert werden können.[18] In der Wissenschaftstheorie ist diese Idee umstritten. Imre Lakatos behauptet, daß in der Praxis Prüfsätze so nicht kritisiert werden.[19] John Watkins ist der Meinung, daß es aus logischen Gründen unmöglich sei, Prüfsätze so zu kritisieren.[20] Prüfsätze können nicht auf die gleiche Art wie Hypothesen kritisiert werden. Es ist aber möglich, aus einem Prüfsatz mit Hilfe von Hilfshypothesen andere Prüfsätze abzuleiten. Die Konsequenzen dieser Lösung soll an einem konkreten Beispiel erläutert werden, am Beispiel der Auseinandersetzung zwischen der Phlogiston- und Sauerstofftheorie.[21]

Kuhn deutet nur an, daß bei dieser Auseinandersetzung Sauerstoff oder Luft ohne Phlogiston im gleichen Experiment gesehen werden konnte. Ein bei der Entstehung der Sauerstofftheorie sehr wichtiges Experiment war die Erhitzung von rotem Präzipitat, einem rotem Quecksilberoxyd. Bei diesem Experiment wurde ein unbekanntes und farbloses Gas gebildet. Im Anfang sahen die Chemiker bei diesem Experiment weder Sauerstoff noch Luft ohne Phlogiston, sondern nur, daß ein farbloses Gas gebildet wurde, das andere chemische Eigenschaften als die damals bekannten Gase hatte. Zuerst vermuteten sie, daß das, was wir heute Kohlendioxyd nennen, gebildet wurde. Diese Vermutung wurde sofort zurückgenommen, als man merkte, daß das neue Gas in Wasser viel schwerer lösbar ist als Kohlendioxyd. Danach wurden viele andere Vermutungen aufgestellt und widerlegt. Priestley wiederholt mehrmals, wie erstaunt er über die Eigenschaften des Gases war. Weil das Gas Verbrennung kräftig unterstützt, vermutete Priestley zum Schluß, daß das neue Gas Luft ohne Phlogiston war. Nach der Phlogistontheorie wird bei Verbrennung Phlogiston an die Luft abgegeben. Falls die Luft ohne Phlogiston ist, soll diese Abgabe von Phlogiston besonders leicht gehen, weshalb Verbrennung in phlogistonfreier Luft besonders kräftig ist. Lavoisier dagegen glaubte, daß bei Verbrennung ein Stoff, den er Sauerstoff nannte, von der Luft aufgenommen wird.

---

[18] Popper, *Logik der Forschung*, a.a.O., S. 29.
[19] Lakatos, „Falsifikation und die Methodologie wissenschaftlicher Forschungsprogramme", a.a.O., S. 124f.
[20] John Watkins, *Science and Scepticism*, London: Hutchinson, 1984, S. 252-54.
[21] Andersson, *Kritik und Wissenschaftsgeschichte*, a.a.O., S. 116-19.

Die kräftige Verbrennung im neuen Gas war damit erklärt. Priestley und Lavoisier sahen nicht Sauerstoff oder phlogistonfreie Luft, sondern sie nahmen hypothetisch an, daß Sauerstoff oder Luft ohne Phlogiston bei dem Experiment gebildet wird. Beide sahen, daß ein farbloses Gas, das Verbrennung kräftig unterhält, gebildet wird, und diese Beobachtungen versuchen sie mit Ausgangspunkt von der Phlogiston- und der Sauerstofftheorie zu erklären.[22] Wissenschaftsgeschichtlich ist es unrichtig, daß Priestley und Lavoisier mit Ausgangspunkt von verschiedenen Theorien verschiedene Beobachtungen machten oder in verschiedenen Welten lebten.

Diskussionshalber will ich aber annehmen, daß Anhänger der Sauerstoff- und Phlogistontheorie argumentiert hätten, als wären Sauerstoff und Luft ohne Phlogiston direkt beobachtbar. Da eine intersubjektive Einigung über die entsprechenden Prüfsätze nicht möglich ist, sind sie problematisch. Wäre es möglich gewesen, neue und unproblematische Prüfsätze aus den problematischen abzuleiten? Ja, denn aus beiden Theorien folgt, daß Luft ohne Phlogiston beziehungsweise Sauerstoff Verbrennung stark unterhalten soll. Die neuen und unproblematischen Prüfsätze besagen also, daß ein Gas gebildet wird, welches Verbrennung stark unterhält. Über solche Prüfsätze können Anhänger der Sauerstoff- und Phlogistontheorie sich einigen. Dieses Resultat des Experiments ist reproduzierbar.

Aus problematischen Prüfsätzen können also mit Hilfshypothesen unproblematische Prüfsätze abgeleitet werden. Das Inkommensurabilitätsproblem ist in diesem Fall gelöst, weil eine unproblematische Ebene erreicht ist, auf der eine intersubjektive Einigung möglich ist. Diese Lösung des Inkommensurabilitätsproblem kann in allen Fällen, die Kuhn und Feyerabend anführen, angewandt werden. Sie erlaubt auch ein tieferes Verständnis der Wissenschaftsgeschichte.

VI. Zusammenfassung

Die Kritik der Wissenschaftstheorie des Kritischen Rationalismus ging von zwei Problemen aus: erstens von dem Problem, daß falsifizierte Theorien nicht immer vollständig verworfen werden, zweitens von dem Problem der Theorienabhängigkeit der Erfahrung. Diese Probleme führten zum Problem der empirischen Prüfung von theoretischen Systemen und zum Problem der kritischen

---

[22] James Bryant Conant, „The overthrow of the phlogiston theory: The chemical revolution of 1775-1789", in: *Harvard Case Histories in Experimental Science*, Hg. J. B. Conant und L. K. Nash, Cambridge, Mass.: Harvard University Press, 1957, Bd. 1, S. 65-115.

Diskussion von Prüfsätzen über Beobachtungsresultate. Ich habe folgende Lösungen vorgeschlagen: erstens falsifizierte Theorien müssen nicht vollständig verworfen werden, sondern auch eine Modifikation der Theorie zeigt, daß die Falsifikation ernst genommen wird; zweitens mit Hilfshypothesen können aus problematischen Prüfsätzen unproblematische Prüfsätze, über die eine intersubjektive Einigung möglich ist, abgeleitet werden. Damit ist das Inkommensurabilitätsproblem gelöst.

Diese soeben angebotene Fassung der Wissenschaftstheorie des Kritischen Rationalismus erlaubt ein tieferes Verständnis der Wissenschaftsgeschichte als die mit ihr konkurrierenden Wissenschaftstheorien. In unserem Jahrhundert gibt es drei Hauptströmungen in der Wissenschaftstheorie: den logischen Empirismus oder Positivismus, den Kritischen Rationalismus und die von Wittgensteins Spätphilosophie beeinflußte „neue Wissenschaftsphilosophie". Der Positivismus scheitert an dem Induktionsproblem und an dem Problem der Theorienabhängigkeit der Erfahrung. Zu Recht haben Vertreter der neuen Wissenschaftsphilosophie außerdem darauf aufmerksam gemacht, daß die geschichtliche Entwicklung der Wissenschaft die positivistische Wissenschaftstheorie in Frage stellt. Aus dem Zusammenbruch des Positivismus zogen die Vertreter der neuen Wissenschaftsphilosophie, wie Kuhn und Feyerabend, relativistische Konsequenzen, z.B. daß nicht empirische Prüfung, sondern Überredung, Propaganda und Bekehrungen eine wichtige Rolle in der Forschung spielten. Zu Unrecht waren die Vertreter der neuen Wissenschaftsphilosophie der Meinung, daß die wissenschaftsgeschichtliche Kritik auch die Wissenschaftstheorie des Kritischen Rationalismus entscheidend träfe. Ich habe gezeigt, daß ihre Kritik zentrale wissenschaftstheoretische Probleme berührt, daß aber diese Probleme innerhalb des Kritischen Rationalismus lösbar sind. Diese Lösungen haben mehrere Vorteile. Sie erlauben ein tieferes Verständnis der Wissenschaftsgeschichte als positivistische und relativistische Auffassungen: die Geschichte der Wissenschaft ist wesentlich eine Geschichte der kritischen Diskussion von Theorien, Beobachtungen und Experimenten. Wichtiger noch ist der Anspruch des Kritischen Rationalismus, zum Erkenntnisfortschritt beitragen zu können. Die Methodenlehre des Kritischen Rationalismus ist auch in dieser Hinsicht dem Positivismus und dem Relativismus überlegen. Der Kritische Rationalismus ist aber nicht nur in der Wissenschaftstheorie, sondern auch in der Sozialphilosophie relevant. In einer Zeit, die oft postrationalistisch oder postmodern genannt wird, ist es wichtig, daß es eine Philosophie gibt, welche die Sache der kritischen Vernunft vertritt. Es ist deshalb nicht nur für die Wissenschaftstheorie interessant, daß die relativistischen Argumente der neuen Wissenschaftstheorie zurückgewiesen werden können.

Die Reichweite der Physik und das Problem des Szientismus

Von *Bernulf Kanitscheider*

I.

Kein Einzelwissenschaftler, ob er theoretisch oder empirisch arbeitet, wird bei einem konkret vorliegenden Problem die Frage der Reichweite seiner Wissenschaft reflektieren. Er wird von der einfachen, vielleicht naiven Voraussetzung ausgehen, daß das in Rede stehende Problem ebenso wie viele seiner Vorgänger mit den bisher bewährten Methoden und Spezialverfahren behandelbar ist. Reflexion und Zweifel am Grundsätzlichen ist eine Sache feierlicher Anlässe, oder wird dann aktiviert, wenn besondere Widerspenstigkeit bei bestimmten Phänomentypen auftaucht. Eine solche methodische Einstellung ist zweifelsohne rational und ökonomisch. Nichts würde den Fortschritt in konkreten Problemlösungssituationen mehr hemmen als andauernde Skrupel über die Zulässigkeit bestimmter Verfahren, über Existenzannahmen oder über die Gesetzesartigkeit des Untersuchungsbereiches. Dennoch ist es sinnvoll und zweckmäßig, gelegentlich über Methode und erkenntnistheoretische Voraussetzungen der Naturwissenschaft nachzudenken, um ein bißchen Distanz, etwas Übersicht und vielleicht neue Perspektiven zu gewinnen.

Dies ist in der Wissenschaftsgeschichte immer wieder getan worden. Historische Erinnerungen werden wach. Emil du Bois-Reymond, der Berliner Physiologe, versuchte in seiner berühmt gewordenen Rede vom 14. 8. 1872 *Über die Grenzen des Naturerkennens*, die damals vorhandenen offenen Probleme in zwei Klassen einzuteilen: in die langfristig lösbaren ignoramus-Fälle und die grundsätzlich der Wissenschaft unzugänglichen ignorabimus-Probleme.[1]

In seinem ersten Vortrag glaubte du Bois-Reymond zuerst, das Problem der Materie, worunter er die Vereinbarkeit von atomistischer Teilbarkeit und substantieller Raumerfüllung verstand, als unlösbar erkannt zu haben. Darüber hinaus meinte er, daß die Entstehung des Bewußtseins ein permanentes Rätsel

---

[1] E. du Bois-Reymond, *Über die Grenzen des Naturerkennens. Die sieben Welträtsel*, Leipzig 1891.

bleiben würde. In einem späteren Vortrag vom 8. 7. 1880 über die sieben Welträtsel fügte er noch weitere grundsätzlich unüberwindliche Schwierigkeiten hinzu wie den Ursprung der Bewegung und das Problem der Willensfreiheit, wohingegen er die Entstehung des Lebens, die scheinbar teleologische Verfassung der Natur und den Ursprung von Sprache und Denken nur der ignoramus-Klasse zurechnete. Sieht man sich seine Begründungen an, so wird schnell klar, daß die angeblichen Unmöglichkeiten allesamt in bestimmten Annahmen der klassischen Physik fußen wie dem Teilchenkonzept und der Existenz von bestimmten Kräften. Es handelt sich also um relative Unmöglichkeiten, die nicht logischer Natur sind, sondern nur in bezug auf den klassischen Theorienbestand gelten.

Es ist sehr lehrreich, sich die Verschiebungen zu vergegenwärtigen, die 100 Jahre später in bezug auf diese Klassifikation in lösbare und prinzipiell unlösbare Probleme eingetreten sind. Die Physik hatte seit dem Siegeszug der Newtonschen Mechanik ihre paradigmatische Rolle innerhalb der Naturwissenschaften ungeheuer stärken können. Sogar für Disziplinen aus dem Bereich der Geisteswissenschaften wie die Ökonomie versuchte Adam Smith noch mechanische Modelle zu erstellen[2], und Joseph Priestley bemühte sich, eine sinngemäße Anwendung newtonscher Ideen für eine Lösung des Freiheitsproblems zu finden.[3] Philosophen wie Immanuel Kant bestätigten, daß ein wesentlicher Zug der Mechanik, nämlich die Mathematisierung, die Reife und Aussagekraft einer Wissenschaft ganz generell bestimmen.[4] Chemie und Biologie bemühten sich, Newtons Vorbild vor Auge, mit wachsendem Erfolg, den Status einer quantitativ formulierten Wissenschaft zu erreichen. Auch wo dies nicht gleich möglich war, etwa bei Darwins Evolutionstheorie, stand kausal-mechanistisches Denken als Leitbild im Hintergrund. Modellbildung im Sinne der klassischen Mechanik schloß damals eine anschauliche raumzeitlich verfolgbare Rekonstruktion der Naturprozesse ein. Prototypisch für das Ideal der Begriffsbildung in der Zeit vor der Quantenwende hat es Lord Kelvin in seinen Baltimore Lectures ausgedrückt: „Nur eine Erklärung, die die Form eines mechanischen Modells besitzt, kann als echte Erkenntnis betrachtet werden."[5] Die Mechanik besaß damals eine so starke Vorbildfunktion, daß man auch den elektromagnetischen Vorgängen mechanistische Prozesse unterlegte. Erst gegen Ende des 19. Jahrhunderts setzte sich die Auffassung durch, daß das elektromagnetische Feld eigene dynamische Freiheitsgrade besitzt und einen selbständigen Teilnehmer in einer

---

[2] A. Smith, *Eine Untersuchung über Natur und Wesen des Volkswohlstandes* (1776), 2 Bde., Gießen 1973.
[3] J. Priestley, *The Doctrine of Philosophical Necessity, Illustrated*, London 1777.
[4] I. Kant, *Metaphysische Anfangsgründe der Naturwissenschaft*, in: *Immanuel Kants Werke*, Hg. A. Buchenau, E. Cassirer, B. Kellermann, Bd. 4, Berlin 1913.
[5] W. Thomson (Lord Kelvin) *Baltimore Lectures*, Baltimore: John Hopkins University Press, 1904.

physikalischen Ontologie darstellt. Dies passierte übrigens einige Jahrzehnte später auch mit dem metrischen Feld, das die Struktur der Raumzeit beschreibt. Auch dieses Feld, das zuerst nur als Lückenbüßer für die Fernwirkungen der Newtonschen Gravitationstheorie angesehen worden war, wurde mit der Zeit eine autonome Entität der Physik. Das war allerdings eine Entwicklung, die im 20. Jahrhundert stattfand. Im 19. Jahrhundert stand auch die Thermodynamik unter dem Leitbild der Mechanik. Ludwig Boltzmann betrachtete es als sein Lebensziel, auch die irreversiblen makroskopischen Phänomene mittels einer im Sinne der Wahrscheinlichkeitstheorie gedeuteten Mikromechanik zu verstehen. Sicherlich nicht Newton selbst, aber die späteren Protagonisten seines Forschungsprogrammes wie etwa Laplace hatten das Zukunftsbild einer vollständig mechanisch beschreibbaren Natur mit Einschluß der Besonderheiten aller komplexen Systeme, darunter auch des Menschen, entworfen. Philosophiehistorisch betrachtet ist der Gedanke einer umfassenden Naturbeschreibung genau genommen schon durch den ontologischen Ansatz von Descartes nahegelegt. Unter dem philosophischen Aspekt ist die Natur res extensa, in modernen Termen würden wir einfach Raum sagen und dann mit einem Blick auf die spezielle Relativitätstheorie Raumzeit. Die res cogitans, bei Descartes noch säuberlich davon geschieden, umfaßt einen so kleinen Teil aller Prozesse, daß die Reduktionsidee sich gewissermaßen aufdrängt. Spätere Autoren stellten die Frage: Warum soll man aus der gewöhnlichen naturwissenschaftlichen Behandlung jene winzige Klasse von Prozessen ausnehmen, die doch nur einen kleinen Oberflächeneffekt auf dem dritten Planeten eines sonst nicht weiter ausgezeichneten Sonnensystems darstellt?[6]

Unterstützung für eine einheitliche mechanische Verfassung des ganzen Weltgebäudes, wie es Kant ausgedrückt hat, kam auch von der Biologie her. Darwins Entwicklungsmodell von 1859, obwohl nicht quantitativ formuliert, war im Grundansatz mechanistisch.[7] Die Ausdehnung dieser Theorie auf den Menschen brachte 1871 die entscheidende Erweiterung[8], und obwohl er es nur in Briefen ausgedrückt hat, darf es als seine Überzeugung angesehen werden, daß auch der menschliche Geist nicht von der Evolution ausgenommen sein kann, ohne daß seine Theorie grundsätzlich gefährdet wäre.[9]

Innerphysikalisch betrachtet gewann gegen Ende des 19. Jahrhunderts der Feldgedanke mehr und mehr an Bedeutung. Max Abraham, H.A. Lorentz, Henri Poincaré und Wilhelm Wien versuchten eine einheitliche feldtheoreti-

---

[6] D. Armstrong, *Recent Work on the Relation of Mind and Brain*, Contemporary Philosophy. A New Survey, Bd. 4, 1983, S. 44-79.
[7] Ch. Darwin, *The Origin of Species* (1859), Philadelphia: University of Pennsylvania Press, 1959.
[8] Ch. Darwin, *The Descent of Man and Selection in Relation to Sex*, London 1871.
[9] F. Darwin (Hg.), *More Letters of Charles Darwin*, Bd.2, New York 1903, S. 39

sche Beschreibung der Materie. Auf der Basis von Lorentz' elektromagnetischer Feldtheorie sprach man bereits von einem elektromagnetischen Weltbild.[10] Außerphysikalisch, also in bezug auf die angrenzenden naturwissenschaftlichen Disziplinen und die Geisteswissenschaften war es natürlich wesentlich, ob letztendlich die Theorie der Materie oder eine Theorie des Äthers die Oberhand gewinnen würde.

So gesehen mehrten sich Ende des 19. Jahrhunderts von verschiedenen Seiten her die Indizien, daß der Weg der Physik eigentlich nur konsequent weitergegangen werden müßte, um ein korrektes, umfassendes Bild der Natur mit Einschluß des Menschen und seiner kulturellen Aktivitäten zu erhalten. Dennoch waren die führenden Geister der damaligen Zeit vorsichtig und zurückhaltend. Mustern wir heute du Bois-Reymonds Zweifel durch, so sieht man, daß seine Bedenken gar nicht durch prinzipielle, systematische Unmöglichkeitsbeweise untermauert sind, sondern daß sie eher den Wunsch ausdrücken, einige Bereiche der Realität mögen vor der Aktivität des analysierenden Verstandes gerettet werden. In dieser Haltung äußert sich eine wohlbekannte Ambivalenz der Aufklärung. Einerseits kann man einer erkannten, in ihrer Funktionsweise durchschauten Natur furchtlos begegnen, sie verändern, sie zum eigenen Nutzen wenden; auf der anderen Seite tritt aber auch eine gewisse Ernüchterung ein, manche Phänomene verlieren ihren Zauber, wenn man sie verstanden hat. Der emotionale Halo, der vordem viele Naturphänomene umgeben hatte, geht durch den analytisch rationalistischen Ansatz verloren. Nicht nur Philosophen wie Wittgenstein, sondern auch Naturwissenschaftler haben immer wieder versucht, ein Refugium des Unsagbaren, des Unlösbaren und des Mystischen aufrechtzuerhalten. Wenn schon die wissenschaftliche Rationalität in jede Ecke der objektiv faßbaren Natur hineinleuchtet, so möchte man sich jedoch in der Lebenswelt, in den Problemen der persönlichen Daseinsbewältigung, eine Privatsphäre erhalten, die analyseresistent, undurchdringlich und geheimnisvoll bleibt. Darum sollten auch Phänomene wie Subjektivität, Bewußtsein, menschliche Freiheit und die Gründe für moralisches Handeln von den analytischen Verfahren der Naturwissenschaft verschont bleiben.

Forscher, die diese lebensweltliche Sphäre nicht respektieren, die die wissenschaftlichen Methoden ohne Begrenzung angewandt haben wollen, werden gefürchtet und zumeist abgelehnt. Auch der neue Mystizismus der New Age-Bewegung hat eine seiner Wurzeln zweifellos in einer antiaufklärerischen Haltung. Zwar werden vorgeblich einzelne Ergebnisse der Fachwissenschaft zur Argumentationshilfe herangezogen — so etwa die Einstein-Podolsky-Rosen-Korrelationen der Quantenmechanik zur Stützung eines neuen Ganzheitsverständnisses der Natur — aber letzten Endes fühlt man sich im Dunkel taoisti-

---

[10] A.J. Miller, „On the history of the special theory of relativity", in: *Albert Einstein*, Hg. P.C. Aichelburg und R.U. Sexl, Braunschweig 1979, S. 89.

scher Begrifflichkeit emotional wohler als in der kalten Welt der Lagrange-Funktionen und Tensorprodukte.¹¹ In gewissem Sinne leben wir in einer geistigen Welt, die von bizarrer Gegensätzlichkeit geprägt ist: Die besten Theoretiker der mathematischen Physik versuchen das zu konstruieren, was man im amerikanischen schlicht T.O.E. nennt, the Theory of Everything, sei es nun in Form von einer supergravity, einer superstring, einer twistor theory oder als pregeometry.¹² Auf der anderen Seite gibt es theoretische Physiker, die das Ende des naturwissenschaftlichen Zeitalters verkünden¹³ und eine neue idealistische Bewußtseinsphilosophie in Bewegung setzen. Die Geisteswissenschaften, die seit Windelbands berühmter Typisierung der Methodologien in idiographische und nomothetische zumeist ihre methodologische Autonomie betonen, verstärken ihrerseits die Anstrengungen, ihre Eigenständigkeit zu behaupten.¹⁴ Ihre Befürchtungen werden in gewissem Sinne verständlich, wenn man ihr Paradebeispiel, die Philosophie, betrachtet, die sozusagen im Zentrum der Geisteswissenschaften steht. Die Philosophie in der älteren griechischen Zeit, die Mutterwissenschaft aller Fächer schlechthin, mußte nach und nach ihre Kinder entlassen. Viele kamen zu hohen Ehren, unter ihnen auch die empirischen Naturwissenschaften. Der Abspaltungsvorgang ist nicht etwa auf die griechische Antike beschränkt. Eine der jüngsten Verselbständigungen eines alten Zweiges der Philosophie betrifft die physikalische Kosmologie. So geschehen im Jahre 1917. Durch Einsteins Entdeckung der Zylinderlösung seiner Feldgleichungen wurde erstmals ein konsistentes Modell der Welt im Großen geschaffen, das frei von Paradoxa war und das den Anspruch erhob, alles physikalisch Existierende zu umfassen.¹⁵

Neben der Überführung von Teilen der Philosophie in empirisch testbare naturwissenschaftliche Theorien kennen wir eine Reihe von wissenschaftsgeschichtlichen Fällen, wo ältere apriorische, rein begriffliche Wissenszweige unter den Einfluß physikalischer und damit letztlich empirischer Methoden gerieten. Ein älteres Beispiel ist die *Geometrie*, wo durch die Entdeckung der nichteuklidischen Geometrien um die Wende vom 18. zum 19. Jahrhundert ein empirisches Entscheidungsproblem entstand, welche Geometrie rechtens zur Wiedergabe der Struktur unseres Erfahrungsraumes dienen könnte.¹⁶ In jünge-

---

11 F. Capra, *The Tao of Physics*, Bungay: Wildwood House, 1975.
12 Für eine Übersicht vgl. B. Kanitscheider, *Philosophie und moderne Physik*, Darmstadt 1979, S. 389.
13 H. Pietschmann, *Das Ende des naturwissenschaftlichen Zeitalters*, Wien / Hamburg 1980.
14 O. Marquard, *Abschied vom Prinzipiellen*, Stuttgart 1981.
15 A. Einstein, „Kosmologische Betrachtungen zur allgemeinen Relativitätstheorie", in: *Das Relativitätsprinzip*, Hg. H.A. Lorentz / A. Einstein / H. Minkowski, Darmstadt 1958, S. 81-129.
16 B. Kanitscheider, *Geometrie und Wirklichkeit*, Berlin 1971.

rer Zeit hat die *Logik*, zu Zeiten des Aristoteles eine philosophische Apriori-Disziplin, eine ähnliche Aposteriorisierung erfahren. Im 19. Jahrhundert wurde die Logik durch die Bemühungen von Frege und Russell ein Teil der Mathematik. Die Quantenmechanik brachte die Frage ins Spiel, ob die Logik so ähnlich wie die Geometrie nicht nur ein Teil der reinen Mathematik, sondern auch ein Teil der Physik werden könnte. Als man die Logik in Begriffen empirischer Operationen deutete, erhielt sie eine neue Semantik, aber auch einen neuen methodologischen Status. Die Wende zur Quantenlogik kam 1936. Garret Birkhoff und Johann von Neumann versuchten, die logischen Strukturen zu entdecken, die hinter physikalischen Theorien wie der Quantenmechanik verborgen sind und die nicht mit der klassischen Logik übereinstimmen. Sie wagten die Behauptung, daß die Quantenphysik eine nichtaristotelische Logik erfordert, nämlich einen Aussagekalkül, der einem orthokomplementären modularen Verband entspricht.[17] Dies war der Beginn einer innerphysikalisch wie auch wissenschaftstheoretisch geführten Debatte über den Status der physikalischen Logik. Im Rahmen der algebraischen Quantenmechanik verwendet man heute sehr allgemeine mathematische Strukturen, sogenannte C^*- und W^*-Algebren, die aber über Symmetriebrechungen mit den klassischen aristotelischen Substrukturen verbunden sind. Kontingente, durch konkrete empirische Situationen bestimmte Züge der Welt stellen die Beziehungen zwischen den reicheren, abstrakten Strukturen der C^*- und W^*-Algebren auf der einen Seite und den klassischen Teilstrukturen her.[18]

Diese drei Beispiele von Kosmologie, Geometrie und Logik lassen die Befürchtungen verstehen, daß die Naturwissenschaft mit ihren spezifischen Methoden auch weiterhin in fremde Bereiche eindringen wird. Die Furcht vor einer Hegemonie der Naturwissenschaften gründet in erster Linie in der Abneigung gegen die begriffliche Transformation, die mit dem naturwissenschaftlichen Denkstil verbunden ist. Dies läßt sich wiederum gut am Beispiel der physikalischen Kosmologie studieren. Diese Disziplin expandiert gegenwärtig in Bereiche hinein, die bis vor kurzem ausschließlich der Metaphysik vorbehalten waren. Wenn jemand bis vor wenigen Jahren den Ausdruck Eschatologie gebrauchte, so meinte er wahrscheinlich einen theologischen Kontext oder er dachte, wenn er philosophiehistorisch gebildet war, an Kants Abhandlung von 1794, *Das Ende aller Dinge*.[19]

Im Jahre 1969 führte der bekannte Astrophysiker Martin Rees die Bezeichnung 'physikalische Eschatologie' zum erstenmal für eine Analyse der Ent-

---

[17] G. Birkhoff und J. v. Neumann, „The logic of quantum mechanics", in: *Annals of Mathematics* 37.4 (Oct. 1936).
[18] H. Primas, *Chemistry, Quantum Mechanics and Reductionism*, Berlin / Heidelberg / New York / Tokyo 1983.
[19] I. Kant, *Das Ende aller Dinge* (1794): in: *Immanuel Kants Werke*, Bd. 4, a.a.O.

wicklung der kosmischen Strukturen zu sehr späten Zeiten ein.[20] Zehn Jahre später bemühte sich Freeman Dyson, die methodologischen Voraussetzungen der physikalischen Eschatologie zu klären und diesen Newcomer im Verband der Physik als strenge Wissenschaft zu etablieren.[21] Durch Arbeiten von John Barrow und Frank Tipler von 1986[22] werden auch die Konsequenzen der Quantenmechanik und Quantenfeldtheorie für das späte Universum reflektiert, so etwa die Instabilität des Protons, die quantenmechanischen Tunneleffekte und der Strahlungszerfall schwarzer Löcher. Der Eingriff der Quantenmechanik veränderte auch das Bild der Frühzeit des Universums. Und wieder stößt die Physik in alte Bereiche der Metaphysik vor.

In seriösen Abhandlungen über Quantenkosmologie taucht heute die Frage nach der Entstehung des Universums auf. Im Rahmen erster Ansätze einer Theorie der Quantengravitation eröffnet sich die begriffliche Möglichkeit eines sich selbst erzeugenden Universums, in dem Raumzeit und Materie spontan als Ergebnis von Quanteneffekten auftauchen. Die Motivation der Physiker wie etwa Alexander Vilenkins zur Konstruktion einer sogenannten „complete cosmology" lag nicht in ungebremsten Hegemoniebestrebungen, sondern darin, daß das Standardmodell der Kosmologie immer noch eine Reihe von willkürlichen Anfangsbedingungen enthielt, die man nicht aus tieferen Prinzipien verstehen konnte.[23] Es ist die Eigendynamik der theoretischen Entwicklung bzw. der Sachzwang physikalischer Erklärungen selbst, der diese Ausgriffe in klassische Probleme der Philosophie steuert. Dies gilt auch für das neue Modell der Quantenkosmologie von Stephen Hawking und Jim Hartle. Das Ziel dieses Vorschlages für die Wellenfunktion des Universums liegt nicht in den metaphysischen und theologischen Konsequenzen, sondern in der Beseitigung der Unvollständigkeit der klassischen relativistischen Beschreibung. Wenn man die Methode der Euklidischen Wegintegrale verwendet und das Wahrscheinlichkeitsmaß nur für die Klasse der kompakten Metriken definiert, erhält man ein physikalisch geschlossenes Modell. Kompakte Metriken haben keine unbeobachtbaren asymptotischen Bereiche, keine Ränder der Raumzeit im Unendlichen, oder Singularitäten, wo von außen die Randbedingungen vorgegeben werden könnten. Das Universum wäre in diesem Fall „completely self-contained", d.h. vollständig durch die Gesetze der Physik bestimmt. Dies ist der

---

20 M. Rees, „The collapse of the universe. An eschatological study", in: *The Observatory* 89, 1969, S. 193-199.
21 F. Dyson, „Time without end: Physics and biology in an open universe", in: *Revue Moderne de la Physique* 51.3, 1979.
22 J.D. Barrow und F. Tipler, *The Cosmological Anthropic Principle*, Cambridge: Cambridge University Press, 1986.
23 A. Vilenkin, „Creation of universes from nothing", in: *Physics Letters* 117 B 1.2, 1982, S. 25-28.

Sinn des vielzitierten Satzes von Hawking: „The boundary condition of the universe is that it has no boundary."[24]

Alle jene, die diese Entwicklung mit Mißtrauen verfolgen, weisen bei ihrer Kritik in erster Linie auf die Transformation hin, die die Physik an den älteren Problemstellungen vornimmt. Bis zu einem gewissen Grade ist dieser Einwand verständlich. Eine metaphysische Idee erfährt, wenn sie zu einer metrisch-quantitativen Hypothese umgestaltet wird, eine semantische Verschiebung, wodurch sicher nicht mehr die gesamte ursprüngliche Intuition erfaßt wird. Physikalisierung bedeutet Einengung, Ausblendung emotionaler Nebenbedeutungen, Vereinfachung auf mathematisch Handhabbares. Jede Rationalisierung ist, da sie übersetzen muß, zweifellos mit einem gewissen Maß an Unbestimmtheit verbunden. Der Weg von einer metaphysischen Vortheorie zu einer quantitativ formulierten physikalischen Hypothese ist kein rein logischer Schritt, sondern ein Rekonstruktionsübergang, wobei der Rekonstrukteur sich bemüht, die Kernbedeutung des Problems in sprachlich neuer Form beizubehalten. Die mit dem Übergang verbundene semantische Verschiebung ist sehr gut an dem schon erwähnten kosmogonischen Problem zu studieren. Bei der spontanen Entstehung des Universums spielt das quantenfeldtheoretische Vakuum eine entscheidende Rolle. Dieser Nachfolgebegriff zum leeren Raum der klassischen Atomisten, mathematisch als lokales oder globales Minimum der Energie bestimmt, hat eine innere Struktur, eine Aktivität, das Quantenvakuum kann wegen der Unschärferelation nicht die völlig inaktive Leere sein. Diese Mikrostruktur des Vakuums, die unvermeidlichen Schwankungsprozesse, bilden jenes Substrat, von dem die kosmogonischen Spekulationen Anfang der 70er Jahre ausgingen. Inzwischen haben Zel'dovich, Gott u.a. auch mit schwächeren Voraussetzungen Szenarien entworfen, wo Raumzeit und Materie als einziges Quantenereignis entstehen und wo dann ein Embryokosmos in Planck-Dimensionen über einen Inflationsmechanismus an die Friedmann-Welt unserer heutigen Erfahrung angeschlossen wird.[25] Man ist sicherlich gut beraten, skeptisch zu sein gegenüber diesen kühnen Entwürfen, und viele von ihnen werden vermutlich die nächste Dekade nicht erleben. Aber dennoch ist es wissenschaftstheoretisch erstaunlich, daß Fragen, von denen man bis vor kurzem dachte, daß sie im naturalistischen Paradigma weder formulierbar noch behandlungsfähig seien, semantisch so transformiert werden können, daß dabei zumindest mathematisch formulierbare physikalische Aussagen entstehen, auch wenn diese gegenwärtig von einer empirischen Kontrolle noch sehr weit entfernt sind.

---

[24] S.W. Hawking und J. Hartle, „The wave function of the universe", in: *Physical Revue* 28, 1983, S. 2960.
[25] H. Duff und C. Isham, *Quantum Structure of Space and Time*, Cambridge: Cambridge University Press, 1982.

II.

Als einer der Gründe für den Widerstand gegen die Ausweitung der naturwissenschaftlichen Domäne wird immer wieder der den Naturwissenschaften inhärente Reduktionismus angeführt. Sicher verdankt die moderne Naturwissenschaft zum großen Teil ihren Erfolg der Praxis, daß sie von einer höheren Organisationsebene von Systemen zu deren Detailstruktur analytisch fortschreitet.

In einem bestimmten Sinne bringt diese Methode, komplexe Systeme aus einfachen Bestandteilen und ihren Wechselwirkungen zu verstehen, auch heute noch erstaunliche Erfolge. Dieses atomistische Verfahren liegt auch dem Standardmodell des Aufbaus der Materie zugrunde. Dort gibt es eine tiefste Beschreibungsebene, nämlich die der Quarks und Leptonen, welche unter der charakteristischen Wirkung von vier Kräften und unter Befolgung bestimmter Symmetrien die makroskopischen Strukturen der sichtbaren Welt aufbauen. Dem Forschungsprogramm, eine große einheitliche Theorie aller Kräfte zu finden, liegt die letztlich atomistische Strategie zugrunde, aus bestimmten Basisentitäten entweder Punktteilchen in der Supergravitation oder schwingungsfähige, saitenähnliche Gebilde in den Superstringtheorien hypothetisch anzusetzen, um daraus in einer langen Kette von Deduktionen die Phänomene der sichtbaren Natur zu erklären. Dabei ist darauf zu achten, daß das Denken in elementaren Konstituenten nicht gleichbedeutend ist mit der Vernachlässigung emergenter Systemeigenschaften, die sich auf einer bestimmten Ebene der Komplexität manifestieren. Jene Quantenfeldtheorien, welche heute so erfolgreich den Aufbau der Materie regieren, stellen eine konsequente Weiterführung der ursprünglichen Quantenmechanik dar. Diese hat, wie wir seit Schrödingers Arbeit von 1936 wissen, durchaus holistische Züge.[26] Durch den Nachweis der EPR-Korrelationen ist dies auch empirisch eindrucksvoll bestätigt worden.[27] Man kann sogar umgekehrt argumentieren, daß es gerade die Quantenmechanik war, die dem Holismus einen klaren Sinn gegeben hat. In vielen geisteswissenschaftlichen Kontexten wurde von dem Satz Gebrauch gemacht, daß das Ganze mehr als die Summe der Teile sei. Jedoch blieb es meist der Analyse unzugänglich, worin dieses „Mehr" bestehen könnte. Es war gerade die Quantenmechanik, die durch den Begriff des verschränkten Systems und der nicht faktorisierbaren Wellenfunktion eine Explikation des Holismus lieferte. Eine Idee, die von Ganzheitspsychologen, Vitalisten und in organologischen Kategorien denkenden Biologen verwendet wurde, erhielt nach ihrer Transfor-

---

[26] E. Schrödinger, „Discussions of probability relations between separated systems", in: *Proc. Cambr. Phil. Soc.* 31, 1935, S. 555.
[27] A. Aspect et al., „Experimental test of Bell's inequalities using time-varying analysers", in: *Phys. Rev. Lett.* 49, 1982, S. 1804.

mation in einen physikalischen Kontext mittels der mathematischen Sprache des Hilbert-Raum-Formalismus eine klare Gestalt. Reduktion muß also nicht unbedingt antithetisch zu systemtheoretisch orientiertem ganzheitlichem Denken stehen. Auch wenn alle Systeme, die anorganischen, die lebendigen und die mentalen, ontologisch letztlich nur aus einer auf der Elementarteilchenebene festzumachenden Trägersubstanz bestehen sollten, bedeutet dies nicht die Elimination von Systemeigenschaften, die dann und nur dann auftreten, wenn viele Teilchen in Wechselwirkung stehen.

Der Terminus Reduktionismus wurde im vorstehenden nur in der bescheidenen Form verwendet, wonach es eine materiale Grundsubstanz in der Natur gibt, die Träger aller komplexen Prozesse höherer Organisation ist. Das Schlagwort „Reduktionismus" taucht in vielen Verwendungen auf. So wurde er gelegentlich auch mit dem stärkeren Erkenntnisanspruch verbunden, daß Makrotheorien immer von Theorien mit mikroskopischen Elementen ableitbar sein müßten. Bei allen bekannten Fällen, etwa bei dem Verhältnis von phänomenologischer Thermodynamik und statistischer Mechanik oder Quantenchemie und Quantenmechanik stellte sich bei näherem Zusehen heraus, daß eine starke epistemologische Reduktion ohne wesentliche Zusatzannahmen nicht zu rechtfertigen ist.[28]

Man könnte meinen, daß man mit dem im vorstehenden skizzierten schwachen ontologischen Reduktionismus, der ja relativ wenig, eigentlich nur rein spiritualistische Entitäten, ausschließt, einen gemeinsamen Nenner gefunden hätte, auf den sich Natur-und Geisteswissenschaften einigen können. Es wäre eine Position, die man mit dem Schlagwort charakterisieren könnte: Einheit in der Trägersubstanz, Pluralität in den emergenten Strukturen. Die Vielfalt der Welt wäre danach in der Hierarchie der Organisationsniveaus ihrer Systeme begründet. Die tatsächliche Diskussionssituation des Verhältnisses von Natur- und Geisteswissenschaften läßt jedoch nicht einmal bezüglich einer solchen schwachen reduktionistischen Position Einigkeit erkennen. Hier spielt das kontinentale Erbe der idealistischen Philosophie sicherlich eine große Rolle, im angelsächsischen Bereich erfreut sich ein differenzierter Reduktionismus höherer Akzeptanz, sowohl von seiten der analytischen Wissenschaftsphilosophie als auch seitens der Einzelwissenschaften.[29]

Ein Argumentationsstrang mit dem Ziel, die Bereiche von Natur- und Geisteswissenschaften enger aneinander heranzuführen, wurzelt im Konzept der *Evolution*. Man kann heute eine relativ gut etablierte Kette von Entwicklungsschritten aufweisen, die von einem symmetrischen, heißen, schnell expandierenden, strukturlosen Universum zu dessen reichhaltigen Untersystemen führt. Galaktische, stellare und planetare Entwicklungsstufen lösen sich ab und

---

[28] M. Bunge, *Treatise on Basic Philosophy*, Bd. 7.1, Dordrecht: Reidel, 1985, S. 230.
[29] J.J.C. Smart, *Our Place in the Universe*, Oxford: Basil Blackwell, 1989, S. 79.

liefern letzten Endes die Basen für die biologische und neuronale Evolution im engeren Sinne. Deren Produkte sind unsere Ideen über die Welt selber. In dieser Sichtweise kann Ideation als innere Repräsentation von bestimmten äußeren Strukturen der Natur gefaßt werden.[30] Erkenntnis ist danach ein später Evolutionsschritt der Natur selbst. Zweifelsohne umfaßt eine solche Hierarchie von Evolutionsvorgängen eine große Zahl von Entwicklungsmechanismen verschiedenster Dynamik. Das Hauptziel eines evolutionären Weltbildes muß es sein, das Ineinandergreifen, die Verschränkung der verschiedenen Evolutionsmechanismen zu verstehen, um zu klären, wann und unter welchen Bedingungen ein Universum Erkenntnis seiner selbst hervorbringen kann. Jüngste Untersuchungen im Rahmen des Anthropischen Prinzips haben ergeben, daß dazu eine enorme Feinabstimmung der Naturkonstanten und der kosmischen Parameter notwendig ist, um zu späten Zeiten die notwendigen Voraussetzungen für die Entstehung und Aufrechterhaltung von Leben zu gewährleisten.[31]

Es ist wichtig, sich zu vergegenwärtigen, daß eine solche Konstruktion nicht nur von der Naivität ungehemmter naturwissenschaftlicher Spekulation lebt, sondern wesentlich auch von der professionellen Philosophie getragen wird. Willard van Orman Quine hat aus einer Kritik des empiristischen Begründungsprogrammes heraus zu dem Ergebnis gefunden, daß es grundsätzlich nur eine Gesamttheorie der Natur geben kann, innerhalb derer das Wissen über die Welt als ein Teil derselben zu führen ist.[32]

Wenn die Ideen über die Natur nicht aus der Natur herausfallen sollen, bedarf es einer Theorie, die die Entstehung, Entwicklung und Aufrechterhaltung von neuronalen Systemen beschreibt, die der Ideation fähig ist und in deren Rahmen Gedanken einen Status innerhalb der Welt besitzen. Eine solche Theorie kann natürlich in Einklang mit dem früher über Reduktion und Emergenz Gesagten nicht einfach eine physikalische Theorie sein, obwohl sie durchaus naturwissenschaftlichen Charakter tragen kann. Ansätze zu einem solchen Entwurf wurden bereits vorgelegt. O. Lumsden und Edward Wilson haben, um nur ein Beispiel zu nennen, einen Ansatz zu einer Naturgeschichte des Denkens eingebracht, bei dem die intellektuellen Fähigkeiten des Menschen als Wechselwirkungsprodukte einer biologisch-kulturellen Koevolution verstanden werden.[33] Hier wird zwar von der biologischen Trägerbasis der Intellektualität Gebrauch gemacht, dennoch wird die Autonomie des Kulturellen betont und

---

30 P.S. Churchland, *Neurophilosophy*, Cambridge, Mass.: MIT Press, 1986.
31 Vgl. dazu B. Kanitscheider, „Naturphilosophie, Kosmologie und das Anthropische Prinzip", in: *Vom Anfang der Welt*, Hg. J. Audretsch und K. Mainzer, München 1989, S. 157-175.
32 W.v.O. Quine, „Epistemology naturalized", in: *Ontological Relativity and other Essays*.
33 O. Lumsden, E. Wilson, *Genes, Mind, and Culture*, Cambridge, Mass. 1981.

die Fähigkeit der mentalen Ebene zur Interaktion mit dem organischen Träger eingesetzt. Bereits an dieser Theorie einer naturhistorischen Rekonstruktion von Intellektualität, die den bemerkenswerten Titel *Genes, Mind, and Culture* trägt, kann man sehen, was gebraucht wird, um den Hiatus zwischen naturwissenschaftlicher und literarischer Kultur zu überwinden. Nicht eine eliminative Reduktion der mentalen, sozialen und geistigen Kategorien auf die physikalische Ebene, also eine Art Wegerklären kultureller Realitäten, ist der rechte Weg, sondern man braucht Brückendisziplinen, die die Autonomie emergenter Systemeigenschaften des Kulturellen anerkennen und die Dynamik der Ideen als natürliche Prozesse verstehen lassen.[34]

Dazu ist kein Bruch mit dem naturalistischen Grundverständnis der Realität notwendig, also mit der Annahme, daß der Aufbau auch der komplexesten Systeme gesetzesartig und im Prinzip intelligibel und rekonstruierbar ist. In mehreren Bereichen, die früher eine reine Domäne der Geisteswissenschaften, respektive der Philosophie, waren wie etwa das menschliche Sozialverhalten und dessen moralisches Regelsystem, haben Brückenwissenschaften wie z.B. die Soziobiologie bedeutsame und bedenkenswerte Erklärungsangebote gemacht. Der naturalistische Ansatz in der Soziologie und Ethik eliminiert nicht die kulturellen Spezifika des Menschen, sondern erinnert nur daran, daß jede Aktivität des Menschen, einschließlich seines bewußten Handelns, sozialen Interagierens und seiner kulturellen Leistungen, eine materielle Basis besitzt. Diese Basis ist nicht gesetzlos oder strukturell amorph, sondern besitzt die Fähigkeit zur Selbstorganisation. Die Kulturgüter, die Menschen geschaffen haben, hängen auch mit deren genetischer Konstitution zusammen, die wiederum mit der Umgebung in Wechselwirkung steht. Wenn man nach einer Erklärung der heute anerkannten Regeln des Handelns sucht, wird man die materielle Basis des moralischen Empfindens nicht vernachlässigen können. Die Einsicht in den kausalen Zusammenhang der Genese unserer moralischen Verhaltensregeln ist nicht nur von intellektuellem Interesse. Normensysteme werden ja nicht als reine Spiele erfunden, sondern sie sollen an realen Biopopulationen durchgesetzt werden. Die Individuen dieser Populationen müssen von ihrem natürlichen genetischen Programm her die moralischen Anforderungen auch erfüllen und durchhalten können. Es ist nicht sinnvoll, vehement gegen bestehende Verhaltensdispositionen zu normieren. Eine solche Forderung, die die Aufstellung einer Norm erst sinnvoll macht, hat den Charakter eines Brük-kenprinzips. Es verbindet deskriptive Sätze der Naturwissenschaft mit normativen Zielen der Regelung des Sozialverhaltens großer Gruppen von kooperativen Lebewesen.

---

[34] B. Kanitscheider, „Soziobiologie und Ethik", in: *Wissenschaft und Ethik*, Hg. E. Braun, Bern 1986, S. 81-116.

Das Bestreben, Brücken zwischen der menschlichen Domäne des Geistes und der von der Naturwissenschaft verwalteten Domäne der belebten und unbelebten Materie zu schlagen, wird heute allenthalben sichtbar. Der harte Antagonismus, wie er noch im 19. Jahrhundert existierte, zwischen einem Naturalismus, der sich meist mit einem eliminativen Materialismus verband, und einem idealistischen Spiritualismus, der Existenzweise, Ursprung und Wechselwirkung mit der übrigen Realität im dunkeln ließ, erwies sich als eine vorschnelle Simplifikation. Neue Disziplinen, wie etwa die Ungleichgewichtsthermodynamik von Ilya Prigogine und P. Glansdorff haben sich zwischen die Fronten geschoben. Aus ihnen kann man entnehmen, daß die Anerkennung neuartiger Eigenschaften von Systemen durchaus in Einklang damit steht, daß der Prozeß der Entstehung dieser spezifischen Qualitäten kausal erklärbar ist. Solche Selbstorganisationstheorien nehmen den komplexen Gebilden den Charakter der Rätselhaftigkeit und der Undurchdringlichkeit, bewahren auf der anderen Seite aber die Autonomie und die Realität der höheren Organisationsformen. Prigogine versteht seine Theorie explizit als Vorschlag zur Vermittlung zwischen Physik und Metaphysik mit dem Ziel, daß der Mensch nicht mehr notwendig aus dem Anwendungsbereich der Naturwissenschaft ausgeschlossen ist. „It is important to point out that life, with its associated biological and sociocultural evolutionary aspects, no longer appears as an exception to the laws of nature." ... „Rather these aspects of life appear to be in conformity with these laws when the important features of 'nonequilibrium' and 'nonlinearity' are properly taken into account."[35]

III.

Wenn man zur Frage der Grenzen der Rationalität und speziell der wissenschaftlichen Vernunft Stellung nehmen will, ist es wichtig zu differenzieren. Erkenntnistheoretisch relativ unproblematisch ist die technische und *praktische Grenze der Wissenschaft*. Meßgenauigkeit, physische Handhabbarkeit großer Objekte, Manipulierbarkeit von Energien sind durch die menschlichen Möglichkeiten und die Größe seines Planeten sicher begrenzt. Als besonders eindrucksvolles Beispiel dafür, wie man einen nur theoretisch erschlossenen Effekt meßbar machen kann, möchte ich das Forschungsprogramm nennen, das jetzt am CERN läuft mit dem Ziel, das Quark-Gluon-Plasma im Laboratorium zu erzeugen, also jenen Zustand der Kernmaterie, bei dem das confinement kurzzeitig aufgehoben ist und wo für ein winziges Intervall, also für

---

[35] I. Prigogine / P.M. Allen / R. Hermann, „Long term trends and the evolution of complexity", in: *Goals in a Global Community*, Hg. E. Laszlo und J. Biermann, New York: Pergamon Press, 1977, S. 7.

10^{-22} sec., die kosmische Situation der ersten Mikrosekunden imitiert wird. Das Quark-deconfinement experimentell herzustellen und damit den Zustand des Kosmos 10^{-6} sec. nach der Anfangssingularität im Labor zu simulieren, scheint mir ein besonders markantes Beispiel dafür zu sein, wie die technische Grenze des Wissens immer weiter hinausgeschoben wird.

Größere philosophische Tragweite als die praktische Grenze besitzt allerdings jene, die durch die Naturgesetze gezogen wird und die man bei einer realistischen Deutung der Gesetze die *ontologische Grenze* nennen könnte. Schon die Physik des beginnenden 20. Jahrhunderts hat hier Beispiele geliefert. Bereits in Zusammenhang mit der Entdeckung der natürlichen Radioaktivität einiger Elemente um die Jahrhundertwende sind Überlegungen zu den Grenzen der Verstehbarkeit der Natur aufgetaucht. Dann aber zeigte sich mehr und mehr, daß weder der radioaktive Zerfall noch der später entdeckte Quantenindeterminismus einem Zustand völliger Gesetzlosigkeit gleichkommen. Es gelang, auch diese neuen Abhängigkeiten begrifflich zu handhaben. Selbst wenn die Anwendung der Quantenmechanik auf den Meßprozeß heute immer noch gewisse Rätsel aufgibt, betrachtet doch niemand mehr die Tatsache, daß bestimmte dynamische Variablen nicht immer streuungsfreie Werte besitzen, als Hinweis auf die begrenzte Intelligibilität der Natur. Man ist sich eher einig darüber, daß man hier ein Indiz dafür in der Hand hat, daß man sich betreffend den Typ der Systeme, die das Fundament der Realität ausmachen, zu lange klassizistischen Vorurteilen hingegeben hat. Die Basisentitäten der Materie sind eben nicht klassische Teilchen, die bezüglich kanonisch konjugierter Variablen allzeit streuungsfreie Werte besitzen. Eine Revolution fand in dem Sinne wohl statt, aber nicht auf der Ebene der Erkenntnis, sondern auf der Ebene der physikalischen Objekte. Eine analoge Diskussionssituation wie seinerzeit zur Quantenmechanik ist momentan auch hinsichtlich der Theorien der komplexen Systeme im Gange. Die Entdeckung nicht berechenbarer und chaotischer Systeme löste neuerdings Überlegungen zum Thema „Grenzen und Reichweite der Vernunft und der Verstehbarkeit der Natur" aus. Bei näherem Zusehen stellte sich jedoch heraus, daß hier philosophische Überinterpretationen am Werk waren. Tatsächlich ist dieser neuen Systemart kein Bruch mit der Vernunft zu entnehmen, obwohl das Auftreten von chaotischem Verhalten vor allem bei klassischen Systemen, die man eigentlich zu verstehen geglaubt hatte, durchaus überraschend war. Man hatte zwar im mikroskopischen und im kosmischen Bereich mit Abweichungen der Gesetzesstruktur gerechnet, war aber nicht so sehr vorbereitet darauf, daß bei makroskopischen Systemen so viele neuartige Phänomene auftauchen. Trajektorien von klassischen Systemen zeigen Bifurkationen im Phasenraum, Systeme mit beliebig naheliegenden Anfangszuständen zeigen exponentiell divergierende Entwicklungen, nichtlineare Rückkopplungen führen auch in teilweise sehr einfachen Systemen zu chaotischem Verhalten, Instabilitäten und Verzweigungen, also zu Alternativen, die scheinbar nicht mit den Anfangsbedingungen zusammenhängen. Für unser erkenntnistheoretisches Problem ist jedoch entscheidend, daß es wie auch bei den Quanteneigenschaften der Dinge um objektive innere Züge geht, in diesem Falle der makroskopischen Eigenschaften der Natur. Nicht, daß sich nichts geändert hätte, in unserem Naturverständnis muß nun berücksichtigt werden, daß Determinismus nicht unbedingt Vorhersagbarkeit einschließt. Wenn Systeme unendlich empfindlich gegenüber den Anfangsbedingungen sind, dann ist ihre zeitliche Entwicklung in der Tat nicht mehr berechenbar, aber dies liegt eben an diesem besonderen Typ von Systemen. Wieder einmal, wie so oft in der Geschichte der Naturwissenschaft, muß die physikalische Ontologie revidiert werden. Die Eigendynamik chaotischer Systeme bedeutet dann, daß dem Zufall in unserem Bild der Natur abermals eine stärkere Rolle zugebilligt werden muß. Chaotische Systeme zeigen auch, daß bestimmte atomistische Modellbildungen nicht durchgehend Verwendung finden können. Chaotische Systeme, die als asymptotische Konfigurationen im Phasenraum einen seltsamen Attraktor besitzen, werden adäquat durch eine Fraktalstruktur beschrieben, also ein mathematisches Gebilde, das immer feiner aufspaltbare Selbstähnlichkeit besitzt.[36] Eine atomistische fundamentale Beschreibungsebene wäre hier ein inadäquates Modell. All dies sind jedoch Neuheiten und Überraschungen auf der Ebene der physikalischen Realität selbst. Der menschliche Verstand zeigt sich erfinderisch auch in der begrifflichen Bewältigung des Chaos. Klassifikationen theoretischer Modelle, Gradabstufungen von Chaotizität, Gemeinsamkeiten und metastrukturale Ordnungen in chaotischen Systemen lassen sich finden. Auch das Chaos ist in diesem Sinne nicht eine Barriere, sondern eine spannende Herausforderung für den menschlichen Verstand.

Es läßt sich mehr als nur die negative Aussage der Nichtvorhersagbarkeit statuieren. Die lokale Instabilität der Bewegung erlaubt eine mathematische Charakterisierung. Ein Maß für die Geschwindigkeit des Auseinanderlaufens eng benachbarter Trajektorien ist der Liapunov-Exponent der Trajektorie. Der Liapunov-Exponent[37] λ bestimmt somit den Grad der Instabilität einer Bahn. Damit zeigt sich, daß auch das klassische deterministische Chaos eine Gesetzlichkeit besitzt, die der Erkenntnis zugänglich ist (vgl. folgende Abb.).

Darüber hinaus wird deutlich, daß beim Übergang in den mikroskopischen Bereich eine Quantenunterdrückung des klassischen Chaos erfolgt. Die verschlungenen Bahnen und die komplizierten Strukturen in den feinsten Bereichen des Phasenraumes werden in dem Moment ausgelöscht, wo die Phasenraumzellen kleiner als das Plancksche Wirkungsquantum werden.

---

[36] S. Großmann, „Selbstähnlichkeit: Das Strukturgesetz in und vor dem Chaos", in: *Phys. Blätter* 45.6, 1989, S. 17-180.
[37] G. Wunner, „Gibt es Chaos in der Quantenmechanik?", in: *Phys. Blätter* 45.5, 1989, S. 139-145.

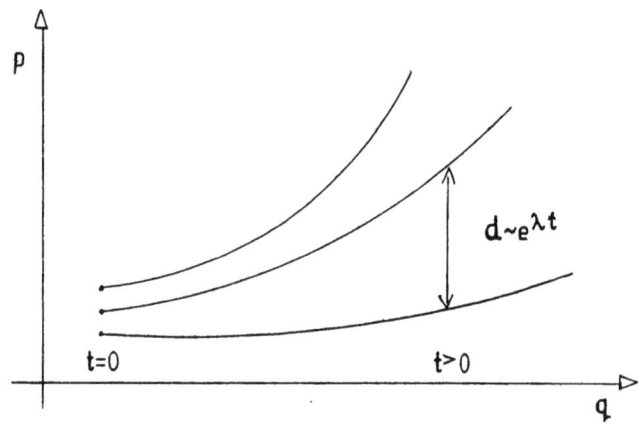

Der Liapunov-Exponent λ gibt die Geschwindigkeit an, mit der sich die Bahnen voneinander entfernen (nach G. Wunner, Anm. 37).

Versuchen wir die im vorstehenden geschilderte Situation für das Streitobjekt Szientismus auszuwerten. Man könnte drei verschiedene Stärken eines Szientismus unterscheiden:

1. Die stärkste Form läßt sich etwa so darstellen: *Die heute existierende Naturwissenschaft hat alle fundamentalen Probleme der Natur im Prinzip gelöst.* Bereiche, die nicht unter die Domäne der Naturwissenschaften fallen, existieren nicht. Vermutlich werden sich wenige Forscher anheischig machen, eine derartig radikale Position zu verteidigen.

2. Eine schwächere Form von Szientismus könnte so lauten: *Die Wissenschaft ist im Prinzip in der Lage, alle genuinen Probleme der Natur zu lösen, gegeben ausreichend Zeit und materielle Unterstützung durch die Gesellschaft.* Eine solche Position hat den Charakter eines Erklärungsversprechens und ein Kritiker kann einwenden, daß ohne Zeitangabe auch diese Behauptung nicht einlösbar ist. Diese Position ist zudem der Kritik von evolutionären Argumenten ausgesetzt, die die begrenzte Leistungsfähigkeit des menschlichen Zentralnervensystems ins Feld führen. Woher wissen wir so sicher, daß der menschliche Denkapparat, ein zufälliges, kontingentes Produkt der Evolution, ein ausreichend hohes Organisationsniveau besitzt, um jene mathematischen Strukturen zu entwickeln, die tatsächlich in der Lage sind, die Fundamente der Natur abzubilden. Damit scheint es angebracht zu sein, sich auf eine noch schwächere Position zurückzuziehen.

3. *Die Naturwissenschaft ist in bezug auf ihre problemlösende Kraft heute die erste Wahl gegenüber ihren Konkurrenten.* Der Bezug zur Gegenwart ist wesentlich. Diese Situation kann sich jederzeit ändern, dennoch läßt sich

für den gegenwärtigen Moment behaupten: Der rationale Zugang zur Natur, unter Einsatz von begrifflicher Analyse, Konstruktion abstrakter Theorien und anschließender empirischer Kontrolle, hat gegenwärtig in bezug auf seinen kognitiven Wirkungsgrad keine Konkurrenz. Bei dieser schwachen Form des Szientismus wird dem möglichen Auftreten alternativer Zugänge zur Natur Rechnung getragen. Überdies bleibt es offen, ob es supernaturalistische Bereiche gibt, die dem Verfahren der Wissenschaft gegenüber grundsätzlich analyseresistent sind. Es ist eine philosophische Hypothese, also eine revidierbare Annahme, die ontologisch gesehen die Gesetzesartigkeit der Natur postuliert und in epistemologischer Hinsicht behauptet, daß der Mensch auch mit seinem kontingenten und begrenzten Erkenntnisvermögen jene Gesetzesformel finden könnte, die diese Strukturen in einer objektiv vermittelbaren Weise abbilden.

Als Schluß möchte ich allen jenen, die in der wissenschaftlichen Rationalität eine Abwertung der Geheimnisse unserer Welt sehen, einen Satz des jüngst verstorbenen Physikers Richard Feynman in Erinnerung rufen: „Ein Mysterium nimmt keinen Schaden, wenn man ein wenig von ihm weiß."[38]

---

[38] Zitiert nach H. Fritzsch, „Elementarteilchen und Kosmologie", in: *Krise der Moderne?*, Hg. Otto Molden, Wien 1988, S. 136.

Vor-Urteile in den Naturwissenschaften

Von *Hans Primas*

I. Wir brauchen eine neue Naturphilosophie!

Als Naturwissenschaftler werde ich in meiner Arbeit oft mit philosophischen Ismen (wie etwa Reduktionismus, Realismus, Instrumentalismus, Postmodernismus) konfrontiert; als philosophisch nicht ausgebildeter Theoretiker habe ich aber Mühe, die Arbeit der Fachphilosophen zu würdigen. Da es nicht nur mir so geht, formuliere ich gleich meine erste Diskussionsthese.

These 1:   *Der Dialog zwischen Naturwissenschaft und Philosophie ist dornig und findet heutzutage so gut wie nicht statt.*

Einerseits wissen Naturwissenschaftler über den Traditionszusammenhang philosophischer Fragen kaum Bescheid. Andererseits kennen Philosophen im allgemeinen den empirischen Kontext nicht, haben Mühe, heuristischen Betrachtungen gerecht zu werden, und verkennen meist das für die Naturwissenschaft wesentliche schöpferische Moment. Da in der Regel Naturwissenschaftler und Philosophen unter bestimmten Begriffen Verschiedenes verstehen, sind ihre Diskussionen unersprießlich und werden daher gemieden. Das ist bedauerlich, denn ich glaube, ein Dialog zwischen Philosophen und Naturwissenschaftlern könnte für beide eine dringend notwendige Horizonterweiterung bringen.

These 2:   *Ein ernsthafter Dialog zwischen Naturwissenschaftlern und Philosophen ist nicht nur wünschenswert, sondern dringend.*

Für die erkenntnismotivierte und auch für die anwendungsorientierte Naturwissenschaft ist eine radikale Kritik der stillschweigend akzeptierten metaphysischen Vor-Urteile der heutigen naturwissenschaftlichen Forschung notwendig. Aus der Sicht der Naturwissenschaft hat jedoch die Wissenschaftstheorie nach 1930 für die Entwicklung oder die Konsolidierung naturwissenschaftlicher Erkenntnisse *nie* eine positive Rolle gespielt. Im Gegenteil, die zum Teil sicherlich notwendige Kritik der Wiener Schule und des Kritischen Rationalismus hat — soweit sie von den Naturwissenschaftlern überhaupt zur Kenntnis genommen wurde — zu einem unheilvollen Dogmatismus geführt, welcher einem ersprießlichen Dialog zwischen Philosophie und den Naturwissenschaften auch heute noch im Wege steht. Die ursprüngliche Idee der Wissenschaftstheorie älteren Stils, die Naturwissenschaft aufgrund der empirischen Befunde mit Hilfe der Logik nachzukonstruieren, hat sich — für den Naturwissenschaftler keineswegs überraschend — als nicht durchführbar erwiesen.

Merkwürdigerweise orientiert sich die heutige Wissenschaftstheorie immer noch an den Paradigmen einer naturwissenschaftlich längst überholten operationalistischen Auffassung der klassischen Physik, und versucht sie — in geklärter, axiomatisierter oder auch verwässerter Form — den nicht-physikalischen Wissenschaften als erstrebenswertes Ziel darzustellen. Aus der Sicht der Naturwissenschaften erscheint diese wissenschaftstheoretische Haltung ausgesprochen reaktionär. Warum die Wissenschaftsphilosophie sich nicht an der Lösung *aktueller* begrifflicher Fragen der Naturforschung beteiligt, ja nicht einmal mit den Erkenntnissen der Naturwissenschaften Schritt halten kann, sondern beharrlich ein halbes Jahrhundert zu spät kommt, ist uns Naturwissenschaftlern nicht einsichtig.

Da die Grenzen der traditionellen wissenschaftlichen Methode in der modernen Physik am deutlichsten sichtbar wurden, haben die aktuellen grundsätzlichen Überlegungen der Naturwissenschaftler zur Struktur der Materie wieder viele Bezüge zu den alten philosophischen Fragen. Die zeitgenössische quantentheoretische Forschung hat eindrücklich gezeigt, daß weder die Epistemologie noch die Ontologie der klassischen Physik weiterhin als normative Leitidee für die Erforschung der Natur dienen können. Um die Erkenntnisse der Quantenphysik als Deutung der Wirklichkeit begrifflich zu verarbeiten, muß sich Naturwissenschaft und Wissenschaftsphilosophie wieder vermehrt dem ontologischen Status der Naturphänomene zuwenden. Eigentümlicherweise hat aber die Wissenschaftstheorie bis heute ein fragwürdiges Verhältnis zu den auch philosophisch bahnbrechenden Erkenntnissen der Quantenphysik. Trotz intensiver Studien kenne ich keine einzige stimulierende oder konstruktiv kritische Arbeit eines reinen Wissenschaftstheoretikers zu den erkenntnistheoretischen Problemen der Quantentheorie und den damit assoziierten naturwissenschaftlichen Theorien. Daher wage ich meine nächste These.

These 3:   Der Einfluß der modernen Wissenschaftstheorie auf die Naturwissenschaften war für diese eher kontraproduktiv.

Beispielsweise gibt es für die szientistischen Reduktionisten nur *eine* eigentliche Wissenschaft, die als Basiswissenschaft fungiert. Meist ist dieser Reduktionismus ein Physikalismus, der die Rückführung aller Wissenschaftsgegenstände auf die Grundprinzipien der Physik fordert. Nun ist es unbestritten, daß die Prinzipien der Quantenmechanik mit zu diesen Grundprinzipien gehören.

Ich frage mich oft, ob diejenigen Wissenschaftstheoretiker, welche den physikalischen Reduktionismus verteidigen, überhaupt eine Ahnung haben, wovon sie sprechen. Das heißt, ich frage mich, ob sie die Quantenmechanik wirklich kennen? Unabhängig von den eigentlichen (heute noch immer strittigen) Interpretationsfragen, folgt bereits aus dem *Formalismus* der Quantenmechanik, daß die in der wissenschaftstheoretischen Literatur diskutierten Varianten des Atomismus und des Reduktionismus mit den (empirisch hervorragend verifizierten) Aussagen der Quantenmechanik grundsätzlich *nicht verträglich* sind.

Die Dialektik von Ganzem und Teil ist in der Quantenwelt grundsätzlich verschieden von den in den klassischen Naturwissenschaften üblichen Beschreibungen. Das Ganze ist nicht nur mehr als die Summe von Teilen und ihren Wechselwirkungen, *sondern die materielle Realität ist ein Ganzes, das überhaupt nicht aus Teilen aufgebaut ist.* Beispielsweise impliziert bereits das Paulische Ausschließungsprinzip (in seiner endgültigen quantenmechanischen Formulierung), daß Elementarsysteme (wie etwa Elektronen) keine Individualität haben, und sich somit krass von den ewigen, unveränderlichen und unzerstörbaren Atomen von Demokrit, Gassendi und Newton unterscheiden. Man nennt solche Systeme *elementar*, weil sie gewisse fundamentale Symmetrien in unzerlegbarer Weise widerspiegeln. Quarks, Elektronen, Atome oder Moleküle sind *keine Bausteine der Materie*, sie sind nicht Ge-fundenes, sondern Er-fundenes, d.h. Konstruktionen derer, welche die materielle Realität erforschen. In bestimmten Kontexten ist die Beschreibung der materiellen Realität vermittels solcher Elementarsysteme durchaus die beste aller möglichen Beschreibungen, so daß es sinnvoll ist, von der Existenz *kontextueller Objekte* zu sprechen. Wird aber die Einbettung geändert, dann hören diese Konstrukte auf, als separate, identifizierbare Einheiten zu existieren. Kein mit der Quantentheorie wirklich vertrauter Naturwissenschaftler wird heute noch vom „Aufbau der Materie aus elementaren Bausteinen" oder von einer „Reduktion chemischer oder biologischer Phänomene auf physikalische Grundgesetze" sprechen. Was heute aktuell ist, sind *intertheoretische Beziehungen* und *systemtheoretische Beschreibungen* komplexer Phänomene vermittels primitiver Konstrukte, welche unter den relevanten Raum-Zeit-Gruppen elementar transformieren. Doch solche Diskussionen haben mit den ursprünglichen Ideen des Reduktionismus oder Atomismus herzlich wenig zu tun.

Die heutige Wissenschaftstheorie lehnt sich viel zu stark an den Totalitarismus des früheren naturwissenschaftlichen Weltbilds an, um für den heute forschenden Naturwissenschaftler noch interessant zu sein. Falls wir die Fragmentation naturwissenschaftlicher Erkenntnis nicht bremsen können, wird die Naturwissenschaft philosophisch uninteressant. Wenn uns eine Integration gelingen sollte, wenn wir die Natur als Ganzes wieder zum Gegenstand der Naturwissenschaften machen können, dann stehen wir vor größeren Umwälzungen in unserer Natursicht. Damit kommen aber auch all die philosophischen Fragen, die schon von Plato, Aristoteles, Leibniz, Kant, Schopenhauer, Vaihinger oder Whitehead aufgeworfen wurden, und über die bei den heutigen Wissenschaftstheoretikern so wenig zu lesen ist. Beklagt man sich über mangelnde Tiefe der heutigen Wissenschaftsphilosophie, so erhält man als Antwort, „daß die Wissenschaftstheorie (Gott sei Dank!) über das Stadium einer solchen Erbauungsphilosophie hinausgetreten und statt dessen durch Professionalität, Nüchternheit und Ernsthaftigkeit gekennzeichnet ist" (Carrier 1989). Professionelle Antworten auf naturwissenschaftlich irrelevante Fragen interessieren uns aber nicht. Auch die Methodologie interessiert uns nicht, denn „jede Methode, sobald sie sich selbständig und unabhängig macht, [ist] nur eine dogmatische Anweisung, die das zu Erforschende schon als bekannt voraussetzt. In dem Maße, wie eine Wissenschaft echte Erkenntnis wird, werden ihre Methoden und Techniken wertloser und verlieren an Bedeutung im Gefüge des Ganzen" (Ortega y Gasset 1928). Wer die von Plato aufgeworfenen Fragen als „Erbauungsphilosophie" und als naturwissenschaftlich irrelevant abtut, hat keine zureichende Vorstellung von der Naturwissenschaft. Was wir brauchen, ist Erkenntnis, nicht lediglich Information. Die Rede über das Ganze, die Besinnung auf das Wesentliche, die Sorge um die Natur erfordern auf naturwissenschaftlicher wie auf philosophischer Seite neue Denkansätze und Methoden. Eine Wissenschaftstheorie oder Naturphilosophie, welche immer noch die räumliche Lokalisierbarkeit der Basisentitäten und das Baukastenprinzip des Atomismus akzeptiert, und den Holismus durch Einstein-Podolsky-Rosen-Korrelationen verschränkter Quantensysteme nicht kennt, ist heute naturwissenschaftlich ohne Interesse. Da naturwissenschaftliche Forschung stillschweigend ontologische Voraussetzungen einschließt, darf eine naturwissenschaftlich zukunftsträchtige Wissenschaftsphilosophie sich nicht auf die Methodologie der Naturwissenschaft beschränken, sondern muß sich um eine grundsätzlich neue, mit den Resultaten empirischer Naturforschung verträgliche *Ontologie der Natur* bemühen.

II. Warum keine normative Wissenschaftstheorie?

Im Zentrum der erkenntnismotivierten Forschung stehen Schauen, Erkennen, Verstehen, nicht Deduzieren, Beweisen oder Abgrenzen von „unwissenschaftlichem" Vorgehen. Viel bedeutsamer als die Frage, ob eine Methode „wissenschaftlich" sei, ist die Frage, welche der gewonnenen Erkenntnisse wert sind, zur Kenntnis genommen zu werden. Entscheidend dabei ist — oder sollte wenigstens sein — die Beziehung zum Ganzen. Die von einigen Wissenschaftstheoretikern über eine Kosten-Nutzen-Analyse rational begründete Arbeitsteilung führt zwar zu kurzfristigen Erfolgen, aber auch zu einer fragmentierenden Denkweise, welche langfristig ein wirkliches Verständnis der Naturphänomene in ihrer umfassenden Vernetztheit verunmöglicht. Die Frage der „Wissenschaftlichkeit" des Vorgehens stellt sich dem forschenden Naturwissenschaftler nie. Wer die methodologischen Regeln der „Technologie des Erkenntnisfortschritts" (Radnitzky 1989) beachtet, hat zwar gute Chancen, ein erfolgreicher *homo oeconomicus* zu werden, wird aber nie naturwissenschaftlich bahnbrechend wirken. Wer Neuland betreten will, darf keine Angst vor einer angeblichen „Unwissenschaftlichkeit" der Fragestellung haben. *Wissenschaftlich originelle Leistungen brechen immer etablierte methodologische Vorschriften wissenschaftlichen Arbeitens.* Kritischer Sinn und Mut zu eigenem Urteil sind wichtiger als Beachtung wissenschaftstheoretischer Normen.

These 4:   *Eine für die Naturwissenschaften fruchtbare Wissenschaftsphilosophie sollte kritisch und nicht normativ sein.*

Die entscheidenden Kriterien zur Beurteilung eines Naturwissenschaftlers sind seine intellektuelle Redlichkeit, seine mit aufmerksamer Offenheit und kritischer Aufgeschlossenheit gekoppelte unbeirrbare Zielstrebigkeit, seine Phantasie und seine Nachdenklichkeit. Wichtig an den Resultaten ist die Überprüfbarkeit, nicht ihre exklusive Rationalität. Transdisziplinarität ist substantieller als Arbeitsteilung. Das Demarkationsproblem ist kein Problem der Naturwissenschaftler. Es gibt keine „unwissenschaftlichen Methoden", es gibt nur gute, weniger gute und schlechte Arbeit. Die Naturwissenschaftler haben sich sicherlich *ethischen* Normen zu unterstellen, aber was *naturwissenschaftlich* als gut, und was als schlecht zu gelten hat, darüber möchten die Naturwissenschaftler zwar Kritik hören, aber sie sind nicht bereit, irgendwelche wissenschaftstheoretische Normen zu akzeptieren.

III. Naturwissenschaft ist ein Handwerk

Naturwissenschaft ist zu einem wichtigen Teil Handwerk und Kunst, und keineswegs in Definitionen kodifiziert. Ausgerechnet diejenigen Begriffe der Naturwissenschaft, denen man im Laufe der Zeit eine große Bedeutung beigemessen hat (wie etwa dem Newtonschen Kraftbegriff), entziehen sich einer rein rationalen Umschreibung.

These 5:   *Naturwissenschaften sind nie ausschließlich deduktive Wissenschaften.*

Es ist daher nicht möglich, sich aus Lehrbüchern allein eine redliche naturwissenschaftliche Bildung anzueignen. Man lernt diese Fertigkeiten nur über ein Meister-Lehrling-Verhältnis oder, indem man selbst aktiv theoretisch *und* experimentell an naturwissenschaftlichen Problemen arbeitet. In unserem Ausbildungssystem erfahren aber Schüler und Philosophen so gut wie nichts über den Vorgang naturwissenschaftlichen Forschens, so daß Außenstehende häufig nur den deduktiven Teil der Naturwissenschaft sehen.

Interessante naturwissenschaftliche Argumente genügen praktisch nie den strengen Argumenten der Logik. Jeder wissenschaftliche Diskurs muß einen Spielraum lassen, welcher nicht durch methodologische logische Normen beschränkt werden darf. So sind etwa die bei jeder naturwissenschaftlichen Diskussion unvermeidlichen Idealisierungen nie vollumfänglich logisch konsistent. Ebenso wird das Subjekt-Objekt Problem bei naturwissenschaftlichen Diskussionen praktisch immer ausgeklammert. Weiter ist in den mathematisch formalisierten Naturwissenschaften eine willkürliche Wahl eines Modells für die Mengenlehre unvermeidlich.

These 6: *Theoretische Naturwissenschaften sind weder frei von Willkür noch frei von Widersprüchen.*

Die Idee, daß wissenschaftliche Theorien zwar nicht bewiesen, aber durch den Vergleich mit der Erfahrung widerlegt werden können, ist ohne Zweifel eine *heuristisch nützliche Richtlinie*. Die Behauptung, daß Falsifizierbarkeit eine *notwendige Bedingung* für Wissenschaftlichkeit sei, ist dagegen eine Leerformel, welche für unsere besten physikalischen Theorien schlicht und einfach nicht anwendbar ist. Beispielsweise ist die heute noch von wissenschaftstheoretischer Seite zu hörende Behauptung, „die klassische Punktmechanik sei durch die Relativitätstheorie und durch die Quantenmechanik widerlegt", aus naturwissenschaftlicher Sicht völlig uninteressant und für naturwissenschaftliche Laien irreführend. Die klassische Mechanik gehört *heute* wieder mit zu den interessantesten und fruchtbarsten Gebieten der zeitgenössischen exakten Naturwissenschaften. Was sollen wir Naturwissenschaftler mit der trivialen Aussage „Die klassische Physik ist falsifiziert" anfangen? *Selbstverständlich* gibt es Phänomene, welche mit der klassischen Physik im Widerspruch sind, aber das ist wahr für *jede* naturwissenschaftliche Theorie. Falls wir den Gültigkeitsbereich einer naturwissenschaftlichen Theorie nicht genau angeben (was wir für umfassende Theorien *nie* können!), dann ist jede naturwissenschaftliche Theorie nicht nur widerlegbar, sondern bereits widerlegt. Beispielsweise gibt es bis heute keine ernstzunehmende physikalische Theorie, welche die Möglichkeit des Experimentators, Anfangszustände frei zu wählen, widerspruchsfrei in ihr Denkschema integrieren könnte. Trotzdem gibt es interessante naturwissenschaftliche Theorien, welche mit guten Gründen einen hypothetischen Universalitätsanspruch geltend machen. Die daraus resultierenden logischen Spannungen sind *unvermeidbar*, und die Naturwissenschaftler haben gelernt, damit zu leben.

IV. Naturwissenschaft ohne philosophische Reflexion ist unfruchtbar

Wenn Naturwissenschaft den Anspruch erhebt, eine Wissenschaft der Natur zu sein, so beginnt sie dort, wo die spezialwissenschaftlichen Methoden enden und einem übergreifenden Gesichtspunkt Platz machen müssen. Die heutige Naturwissenschaft ist dualistisch, d.h. sie basiert auf einer Trennung von Subjekt und Objekt, von Beobachter und Beobachtetem, von Mensch und Natur. Das ist ein *Vor-Urteil* bisheriger Naturforschung, und wir haben uns über die Zulässigkeit und über die Konsequenzen dieses Vor-Urteils Gedanken zu machen. Die Unterscheidung zwischen Vor-Urteilen und Vorurteilen ist jedoch nicht so einfach, wie es auf den ersten Blick scheinen möchte. Jedenfalls ist das Ideensystem, aus dem heraus die heutige Naturwissenschaft lebt, nicht a priori über jeden Zweifel erhaben. Es ist die Aufgabe philosophischer Reflexion, Vorurteile bloßzustellen und neue Sichtweisen zu ermöglichen.

Durch innere Notwendigkeiten der Spezialdisziplinen werden heute Naturwissenschaftler gezwungen, sich auch allgemeinen Fragen der Naturwissenschaften zuzuwenden. Es gibt daher eine Reihe philosophischer Probleme, welche uns Naturwissenschaftlern auf den Nägeln brennen. Ich möchte beispielhaft und ganz unsystematisch einige Probleme erwähnen, die mir in meiner Forschungspraxis begegnet sind, und bei denen ich gehofft habe, von den Erkenntnistheoretikern etwas Kluges zu hören.

Vor-Urteil oder Vorurteil? Ist die Wiederholbarkeit von Experimenten konstitutiv für die Möglichkeit von Naturwissenschaft?

Von philosophischer Seite sagt man uns Forschern oft, daß in den Naturwissenschaften nur als richtig gilt, was quantifizierbar und reproduzierbar ist. Natürlich ist eine solche Norm bequem, aber ist sie wirklich notwendig? Es gibt Forschungsbereiche (wie etwa die Umweltnaturwissenschaften), in denen gewisse Experimente kaum wiederholbar sind, die sich aber deswegen einer naturwissenschaftlichen Analyse nicht entziehen. Solche Untersuchungen an komplexen Systemen sind schwierig und stellen uns vor völlig neue Probleme, sind aber deshalb noch lange nicht „unwissenschaftlich". Mit dem Urknall *können wir nicht*, und mit dem Ozonloch *dürfen wir nicht* experimentieren. Eine generelle nicht-invasive Forschungsmethodologie und eine Theorie von einmaligen globalen Ereignissen sind nicht a priori unmöglich, aber erst noch zu entwickeln.

Vor-Urteil oder Vorurteil? In den Baconschen Naturwissenschaften wurde die Finalursache eliminiert und statt dessen der Zufall eingeführt.

Gegenstand der Baconschen Naturwissenschaft ist nicht die Natur an sich, sondern die *apparative Erfahrung* von der Natur. Um die Natur unseren Zwecken dienstbar zu machen, müssen wir nach Francis Bacon ihre Mechanismen kennen, nicht ihre Zwecke. „Die Erforschung der Zielursachen ist steril wie eine gottgeweihte Jungfrau, die nichts gebiert" (Bacon 1623). Die heutige Naturwissenschaft hat diese rational nicht weiter begründbare Forderung Bacons befolgt, sich von der Teleologie losgesagt, und beschäftigt sich kaum mehr mit den Zwecken der Natur. Allerdings bleibt in den biologischen Wissenschaften — meist unausgesprochen — die Frage, ob wir biologische Phänomene und Prozesse eben nicht doch besser verstehen, wenn wir begreifen, welche *Funktionen* sie erfüllen. Die Tatsache, daß kausalmechanistische Erklärungen losgelöster biologischer Phänomene äußerst erfolgreich sein können, ist kein Argument gegen die Möglichkeit einer komplementären teleologischen Naturbetrachtung. Kausalmechanistische Argumente verfehlen das Ziel der Erklärung von Funktionen genau so wie das Argument des Zenon von Elea, Achilles könne die Schildkröte nie einholen. In ihrem Gültigkeitsbereich sind beide Argumente logisch einwandfrei, aber von den entscheidenden Aspekten wird einfach nicht gesprochen.

Die nicht-finalistische Kausalerklärung ist mit den heutigen ersten Prinzipien der Physik verträglich, *folgt aber nicht aus ihnen*. Aus denselben ersten Prinzipien kann man durchaus teleologische theoretische Ansätze *ableiten* (Primas 1991). Daher sind einige Zweifel an der ausschließlichen Richtigkeit des Baconschen Standpunktes angebracht. Insistiert man nicht auf der technischen Verwertbarkeit der gewonnenen Einsichten, so kann man erkenntnistheoretisch die teleologische Untersuchungsrichtung durchaus als gleichberechtigt und komplementär zur kausal-experimentellen anerkennen. Eine solche Problemstellung mag zunächst unfruchtbar erscheinen, doch ist in diesem Zusammenhang auf die ungeklärte *Rolle des Zufalls* in den biologischen Wissenschaften und den Evolutionstheorien hinzuweisen. Ein „zufälliges" Geschehen ist natürlich nicht bereits deshalb akausal, weil seine Rückwärts-Determiniertheit oder seine Finalität noch nicht aufgedeckt ist. Auf eine solche Schwachstelle der Darwinschen Evolutionstheorie hat Wolfgang Pauli hingewiesen: „Dieses Modell der Evolution ist ein Versuch, entsprechend den Ideen der zweiten Hälfte des 19. Jahrhunderts, an der völligen Elimination aller Finalität theoretisch festzuhalten. Dies muß dann in irgend einer Weise durch Einführung des „Zufalls" (chance) ersetzt werden" (Pauli 1954).[1]

Vor-Urteil oder Vorurteil? Die Willensfreiheit des Experimentators ist konstitutiv für die Naturwissenschaft. Gibt das nicht Anlaß zu Selbstreferenzproblemen?

Der Universalitätsanspruch moderner fundamentaler physikalischer Theorien gibt Anlaß zu bedenkenswerten logischen Problemen. Nach Gödel ist jedes hinlänglich ausdrucksreiche System — falls nur der für das System definierte Beweisbegriff im System selbst formal ausdrückbar ist — wesentlich unvoll-

---

[1] Ausführlicher ist diese Frage von Pauli in einen unpublizierten Manuskript (1957) *Die Vorlesung an die fremden Leute* diskutiert.

ständig. Für hypothetisch universell gültige physikalische Theorien stellt sich damit die Frage, ob Objektsysteme und Beobachtungsmittel mit ein und derselben Theorie beschrieben werden können. Oder allgemeiner, welche Rolle spielen selbstbezügliche Sätze und semantische Unvollständigkeitstheoreme in den Naturwissenschaften? Selbstreferenzprobleme können vermieden werden durch Einführung von Metasprachen. Damit wird das Problem aber einfach verschoben: nach welchen Kriterien ist eine „geeignete" Metasprache auszuwählen? In den biologischen Wissenschaften sind zudem reflexive Sätze schwer zu vermeiden. Beispielsweise ist eine naturwissenschaftliche Diskussion des Gehirn-Bewußtsein-Problems ohne eine eingehende erkenntnistheoretische Würdigung der Relevanz der Theoreme von Gödel und Church für die Naturwissenschaften kaum denkbar.

Vor-Urteil oder Vorurteil? Ist „compartmentalization" schicksalhaftes Erfordernis naturwissenschaftlicher Forschung?

Die Zersplitterung der Naturwissenschaft in Spezialfächer, und die damit verknüpfte Ausblendung naturphilosophisch wichtiger Zusammenhänge und gesellschaftlich relevanter Verantwortung, kurz die *compartmentalization*[2] der Naturwissenschaften, ist eine der unerfreulichsten Entwicklungen heutiger Naturwissenschaft. Diese „Barbarei des Spezialistentums" wurde schon 1930 von Ortega y Gasset treffend charakterisiert: „Wenn um 1890 eine dritte Generation die geistige Führung Europas übernimmt, tritt ein Gelehrtentypus auf, der in der Geschichte nicht seinesgleichen hat. Es sind Leute, die von allem, was man wissen muß, um ein verständiger Mensch zu sein, nur eine bestimmte Wissenschaft und auch von dieser nur den kleinen Teil gut kennen, in dem sie selbst gearbeitet haben. Sie proklamieren ihre Unberührtheit von allem, was außerhalb dieses schmalen, von ihnen bestellten Feldes liegt, als Tugend und nennen das Interesse für die Gesamtheit des Wissens *Dilettantismus*. ... Die Experimentalwissenschaften haben sich zum guten Teil dank der Arbeit erstaunlich mittelmäßiger, ja weniger als mittelmäßiger Köpfe entwickelt. Das bedeutet, daß die moderne Wissenschaft, Wurzel und Sinnbild der gegenwärtigen Kultur, dem geistig Minderbemittelten Zutritt gewährt und ihm erfolgreich zu arbeiten gestattet. ... Eine ganze Anzahl von Untersuchungen ist sehr wohl durchführbar, wenn die Wissenschaft in kleine Parzellen eingeteilt wird und der Forscher sich in einer davon ansiedelt und um alle anderen nicht kümmert. Die Festigkeit und Exaktheit der Methoden gestattet diese vorübergehende praktische Zerstückelung des Stoffes. Man arbeitet mit diesen Methoden wie mit einer Maschine und braucht, um zu einer Fülle von Ergebnissen zu gelangen, nicht einmal deutliche Vorstellungen von ihrem Sinn und ihren Grundlagen zu

---

[2] Bezeichnenderweise gibt es keinen gängigen deutschen Ausdruck für das englische Wort „compartmentalization", im Sinne von „division into units lacking normal interaction or cooperation" (Gove 1964, S. 462).

haben. ... Der Spezialist ist in seinem winzigen Weltwinkel vortrefflich zu Hause; aber er hat keine Ahnung von dem Rest" (Ortega y Gasset 1930).

Die Behauptung Ortegas, daß „sich der Wissenschaftler von einer Generation zur anderen immer mehr beschränkt, auf ein stets engeres geistiges Betätigungsfeld festgelegt hat", gilt auch für die Zeit nach 1930. Von ihrer Ausbildung her können heutige Naturwissenschaftler nur noch einseitig denken. Es ist daher eine Illusion zu meinen, die Zersplitterung der Naturwissenschaften könne durch interdisziplinäre Forschung kompensiert werden. Schönklingende Forschungsprojekte und großzügige Finanzierungen genügen nicht, denn das Spezialistentum kann aus eigener Kraft nicht weiterkommen. *Integrierte Forschung kann nur durch eine radikale Neuorientierung realisiert werden.* Die Unteilbarkeit der Realität ist allein durch eine ganzheitliche Sichtweise zu erfassen. Was wir unter „ganzheitlicher Sicht" genau zu verstehen haben, und mit welchen „ganzheitlichen Methoden" die Natur erforscht werden könnte, ist uns noch weithin unbekannt. Klar ist lediglich, daß eine zukünftige Naturwissenschaft eine Einheit werden muß, welche nicht leichtfertig aufgeteilt werden darf. Jede *compartmentalization* der Naturwissenschaften, sei es in Teildisziplinen oder in einen empirischen und einen theoretischen Bereich, ist grundsätzlich gefährlich.

V. Die Repression des Irrationalen

Das von modernen Erkenntnistheoretikern gern verfochtene Dogma, daß ein Wissenschaftler seine Position auf einen Glauben an die Vernunft gründen muß, widerspricht der naturwissenschaftlichen Praxis, welche den meisten Wissenschaftstheoretikern so gut wie unbekannt zu sein scheint. Eine intime Bekanntschaft mit der tatsächlichen Wissenschaftspraxis würde zeigen, daß zwischen den Lehrbuchidealisierungen und der täglichen naturwissenschaftlichen Arbeit eine fast unüberbrückbare Kluft besteht. Beispielsweise ist die wissenschaftliche Umgangssprache des spezialisierten Forschers eine sich rational gebärdende Geheimsprache, welche erst aus dem Kontext und daher nur Eingeweihten verständlich ist.[3] Daß solche pseudorationale, nach den Kriterien des Kritischen Rationalismus als „unwissenschaftlich" zu klassifizierende Sprachen

---

[3] Ich behaupte, daß die heutige Umgangssprache im Forschungsgebiet der molekularen Chemie zum Teil frappante Ähnlichkeiten mit dem Sprachgebrauch der Alchemisten hat, wobei in der modernen Chemie allerdings meist eine explizite Einbettung in psychische Strukturen fehlt. Aktive Forschungschemiker werden dies allerdings bestreiten, da sie kaum die Muße haben, diesen Diskursen als Unbeteiligte zuzuhören. Ein Nichtfachmann wird dagegen die sich rational gebärdende Sprechweise allzuleicht mit wissenschaftstheoretisch stichhaltigen rationalen Argumenten verwechseln.

in unserem Wissenschaftsbetrieb eine wichtige Rolle spielen, wird von den Wissenschaftstheoretikern kaum je zur Kenntnis genommen. Da die aktiven Forscher aber befürchten, daß solche „unwissenschaftlichen" Sprachen wissenschaftstheoretisch als unzulässig gelten, ihre Elimination aber den Tod der lebendigen Wissenschaft bedeuten würde, werden die Naturwissenschaftler genötigt, Irrationales als pseudorational auszugeben. Ehrlicher wäre, zuzugeben, daß die naturwissenschaftliche Tätigkeit sowohl rationale als auch irrationale Züge aufweist. Dabei bezeichnet das Irrationale natürlich nicht das Widervernünftige, sondern das *Außervernünftige*, das was *Sinn* hat, sich aber mit der Ratio nicht begründen läßt.

Manche Philosophen scheinen zu wissen, was aus erkenntnistheoretischer Sicht das „richtige Vorgehen" ist, und welche Erfolgskriterien zulässig sein sollen. Dabei vergessen sie, daß die tägliche Arbeit des Naturwissenschaftlers keinesweg rational zu verstehen ist. Das Tun und Lassen eines Forschers ist nicht unlogisch, gründet sich nicht ausschließlich auf Vernunfturteile. Wissenschaftliche Arbeit ist primär nicht analytisch, sondern hat viel mit Intuition zu tun, die im Bildhaften und Symbolischen verwurzelt ist. Das rationale Element kommt erst *nachträglich* bei der Rekonstruktion des intuitiv Erfaßten, und in der zwar wichtigen aber routinehaften — wenn auch mühsamen und viele tiefe Kenntnisse voraussetzenden — Überprüfungsphase zum Zug.

Die rationale Rekonstruktion kann minderer Qualität sein als das Geschaute. Nur wenn wir frei über die notwendigen technischen, mathematischen und logischen Hilfsmittel verfügen können, haben wir eine Chance, das intuitiv Gesehene in eine allgemein verständliche Sprache zu übersetzen. Die Erfahrung zeigt, daß intuitive und analytische Kreativität selten zusammen vereint sind, so daß in den Naturwissenschaften meist die erste Rekonstruktion von einem analytisch begabteren Forscher überarbeitet wird. Das ist nicht einfach, weil der Bearbeiter selbst zunächst intuitiv erfassen muß, was der Entdecker gemeint haben könnte. Die von einigen Erkenntnistheoretikern hoch entwickelten Methoden zur Analyse der logischen Struktur naturwissenschaftlicher Theorien helfen dabei allerdings herzlich wenig, denn der entscheidende Punkt ist das Einfühlungsvermögen des Rekonstrukteurs.[4]

These 7:   Es ist unmöglich, Naturwissenschaft zu verstehen, wenn man das irrationale Element der wissenschaftlichen Kreativität willkürlich ausklammert.

---

[4]   Die Kritik „Probabilistische Inkonsistenz der Quantenphysik und Quantenlogik" von Stegmüller (1974) zeigt exemplarisch, zu welch absurden Resultaten ein hervorragender Logiker kommen kann, wenn er versucht, eine von ihm intuitiv nicht erfaßte Theorie rational zu rekonstruieren.

Rationale Argumentation ist für die Naturwissenschaften unbestritten von eminenter Wichtigkeit, aber Intelligenz ohne Phantasie ist keine Intelligenz, und schöpferische Phantasie ist keine Leistung der Ratio. Die Verdrängung irrationaler Elemente ist widervernünftig und ethisch nicht vertretbar.

Georg Picht (1976) charakterisiert Rationalität wie folgt: „Vernünftig denkt, wer in der Lage ist, die Konsequenzen seines Denkens und Handelns zu überblicken, und wer bereit ist, die Verantwortung für diese Konsequenzen auf sich zu nehmen. In diesem Sinne ist eine Wissenschaft, die auf eine Theorie ihrer eigenen Konsequenzen verzichtet, und nicht bereit ist, die Verantwortung für ihre technischen und praktischen Auswirkungen zu übernehmen, widervernünftig."

These 8:   Wissenschaftliches Handeln ist nie rational.

Unsere scharfsinnigsten Naturwissenschaftler haben sich über solche Fragen durchaus ernsthafte Gedanken gemacht. Beispielsweise hatte Wolfgang Pauli — seinerzeit Professor für theoretische Physik an der ETH Zürich und berühmter Vertreter wissenschaftlicher Rationalität — die letzten 10 Jahre seines Lebens dem Studium des Gegensatzpaars *Rational-Irrational* gewidmet und ist zum Schluß gekommen, daß wir mit unserer Entscheidung, die Cartesischen Ideen und die Newtonsche Physik zu akzeptieren, einen falschen Weg eingeschlagen haben.[5] Naturwissenschaft ohne irrationale Elemente ist nicht denkbar. Nur indem sie das Irrationale „als nicht dazugehörend" deklariert, und aus den öffentlichen Diskussionen *ausschließt*, kann sie die Realität *rationalisieren*. Die Urteile der Naturwissenschaften klingen rational, weil ihre irrationalen Elemente nicht erwähnt werden. Aber deshalb ist die Naturwissenschaft als menschliche Tätigkeit noch lange nicht ein rationales Unternehmen, denn durch Ignorieren lassen sich Tatsachen nicht aus der Welt schaffen.

Die kühne Behauptung, „daß es nur *eine* wissenschaftliche Methode gibt", „nämlich die des rationalen Problemlösens im Erkenntnisbereich" (Radnitzky 1989), mag für das Rätsel-Lösen der Kuhnschen Normalwissenschaft vielleicht zutreffend sein, verkennt aber die dominierende Rolle irrationaler Faktoren bei grundlegenden wissenschaftlichen Umwälzungen. Aus der Sicht des Kritischen Rationalismus ist es geradezu die Aufgabe der Methodologie, den Einfluß irrationaler Faktoren zu begrenzen. Aus meiner Sicht ist es jedoch unvernünftig, die Existenz des Irrationalen zu leugnen. Jeder der gelernt hat, die irrationalen Aspekte der Wirklichkeit zu würdigen, wird die Zwangsjacke von rationalistischen normativen Forderungen ablehnen. Es geht dabei weder um eine roman-

---

5   Pauli's Gedanken finden sich zum überwiegenden Teil in seinem bisher leider noch nicht veröffentlichten Briefwechsel. Für eine erste Information sei auf das Buch von Laurikainen (1988) verwiesen, das wichtige Auszüge aus dem Pauli-Fierz-Briefwechsel zitiert.

tische Verherrlichung des Irrationalen noch um eine antirationalistische Haltung, *sondern um eine Anerkennung der Existenz des Außervernünftigen als eines gleichberechtigten Partners des Vernünftigen.* Ich glaube, wir sollten die Bedenken von Pauli ernst nehmen, und mit Pauli über die Repression des Irrationalen in unserer Kultur ernsthaft nachdenken.

VI. Ethische Verantwortung

Für die Kriegsindustrie, für nationale und internationale Prestigeprojekte wie Raumfahrt, SDI, Human Genome Project wird ein unvorstellbarer Aufwand an Menschen, Material und Geist getrieben. In diesen Projekten spielt die Naturwissenschaft eine ganz zentrale Rolle und konfrontiert *alle* Naturwissenschaftler — ob sie nun an diesen Projekten teilnehmen oder nicht — mit völlig neuen Problemen der Verantwortlichkeit. Ist naturwissenschaftliche Tätigkeit moralisch verantwortbar, wenn sie kritiklos auch dem Wahnsinn dient? Dabei ist diese Frage zunächst nicht ein legalistisches, rechtlich-politisches, sondern ein moralisch-ethisches Problem. Diese moralischen Kategorien müssen von jedem Naturwissenschaftler überdacht werden, auch wenn sie ihn gewaltig überfordern und er daher nach Hilfe sucht.

Die Wissenschaft macht einen Herrschaftsanspruch der Vernunft geltend. Trotzdem sagen uns gewisse Philosophen, ohne jede Begründung: „*Die Ergebnisse der Wissenschaft sind moralisch neutral*" (Hersch 1980). Die Behauptung, daß es nur die *Anwendungen* der Naturwissenschaft seien, welche einer besonderen ethischen Reflexion bedürfen, wird uns fast immer als eine selbstverständliche Trivialität präsentiert, wohl um uns davon abzuhalten, darüber einmal fünf Minuten ernsthaft nachzudenken. Wenn mir immerzu — auch von Experten — solche Leerformeln präsentiert werden, horche ich auf und werde ich skeptisch. *Selbstverständliche Wahrheiten wiederholt man nicht ständig.* Ich werde den Verdacht nicht los, daß man mich indoktrinieren will. Natürlich ist die These von der Wertfreiheit reiner Wissenschaft für den Forscher bequem, aber wohl zu billig, um heute noch ernst genommen zu werden.

Falls man behauptet, die Zielsetzung der Wissenschaft sei es, Wahrheit zu finden und Wissen zu mehren, dann muß man auch betonen, daß die Naturwissenschaft *zwingenderweise einäugig* ist, und daher bestenfalls Teilerkenntnisse produziert, die nicht einfach als Wahrheiten präsentiert werden dürfen. Gemäß dem heute allgemein akzeptierten Moralkodex trägt der Wissenschaftler die Verantwortung für die *Zuverlässigkeit* der von ihm behaupteten Erkenntnisse, *aber nicht* für das, was in diesem Kontext *auch noch* gesagt werden müßte. Das heißt, *es ist heutzutage völlig legitim, einäugig zu sein.*

Erfreulicherweise kümmern sich aber mehr und mehr Forscher um diese institutionell eingebaute Unverantwortlichkeit der Naturwissenschaft. Daher interessieren sie sich auch wieder stärker für den *Naturbegriff* der Naturwissenschaft, und fragen sich, ob ihnen vielleicht die Philosophen irgend etwas Nützliches sagen können. Fragen zu stellen ist leicht:

Steht die Forschungsfreiheit über der „Würde des Menschen"?

Steht die Forschungsfreiheit über der „Ehrfurcht vor der Natur" ?

Gibt es so etwas wie „Integrität des menschlichen Seins", „Integrität der Natur", „eigenständige Wirklichkeit der Natur", „Achtung vor den Naturphänomenen", „Sorge um die Natur"?

Kritische Rationalisten werden Begriffe wie „Ehrfurcht vor der Natur" als „mystisch" und „unwissenschaftlich" ablehnen. Na und? Wenn wir aber solche Fragen ernst nehmen, müssen wir die Ethik — nicht als rechtliche, sondern als moralische Kategorie — in das naturwissenschaftliche Weltbild einbringen. Das ist wohl nur möglich, wenn wir Naturwissenschaftler zugeben, daß wir einen *neuen Naturbegriff* und damit eine *neue Naturwissenschaft* brauchen. Eine Naturwissenschaft, in der die Sorge um die Natur konstitutives Element ist. Die heutige Naturwissenschaft akzeptiert immer noch die These von Francis Bacon, wonach die Natur zu foltern und zu beherrschen ist. Oder moderner ausgedrückt, in den Worten Carl Friedrich von Weizsäckers (1947): „Das Experiment ist Ausübung von Macht im Dienste der Erkenntnis." *Orientierungswissen*, das heißt das Wissen um Ziele und Zwecke, wird heute gerne aus den eigentlichen Naturwissenschaften ausgeklammert. Der modernen Technik genügt *Verfügungswissen*, das heißt Wissen um Ursachen und Mittel. So etwas wie „Bewunderung der Natur" hat dabei natürlich keinen Platz. Daß dabei menschliche Möglichkeiten verkümmern, ist nicht die Sorge Baconscher Wissenschaften.

Es wird von den Philosophen und Forschern ein Wagnis und eine Anstrengung sein, über eine neue Idee der Wirklichkeit zu meditieren. Das mit den Mitteln Baconscher Rationalität Faßbare umgreift nicht die ganze Natur. Es ist unausweichlich, darüber nachzudenken, welche bedeutsame Dimensionen der Realität die zeitgenössische Naturwissenschaft übersieht, und welche Eingriffe in die Natur legitimierbar sind. Besser wäre noch, nicht nur Nach-Denken, sondern auch Voraus-Denken.

Literatur

Bacon, F.: De Dignitate et Augumentis Scientarum (1623). Englische Übersetzung: *Of the Advancement and Proficience of Learning*, Oxford 1640.

Carrier, M.: „Wozu Wissenschaftsphilosophie? (Buchbesprechung)", in: Studia Philosophica 48, 1989, S. 228-230.

Gove, P.B.: Webster's Third New International Dictionary, Springfield, Mass.: Merriam, 1964.

Hersch, J.: „Die Verantwortung des Wissenschaftlers — in der Sicht der Philosophie", in: Universitas 35, 1980, S. 1291-1296.

Laurikainen, K.V.: Beyond the Atom. The Philosophical Thought of Wolfgang Pauli, Berlin 1988.

Ortega y Gasset, J.: La „Filosofía de la historia" de Hegel y la historiología. Zitiert nach der deutschen Übersetzung in: José Ortega y Gasset, Gesammelte Werke, Band 3, Hegels Philosophie der Geschichte und die Historiologie (1928), Stuttgart 1954.

Ortega y Gasset, J.: La rebelión de las masas (1930). Zitiert nach der deutschen Übersetzung in: José Ortega y Gasset. Gesammelte Werke, Band 3, Der Aufstand der Massen (1930), Stuttgart 1954.

Pauli, W.: „Naturwissenschaftliche und erkenntnistheoretische Aspekte der Ideen vom Unbewußten", in: Dialectica 8, 1954, S. 283-301.

Pauli, W.: Die Vorlesung an die fremden Leute. Aus einem Manuskript (21 Seiten, S. 11-15) in der Korrespondenz von Pauli mit M.L. von Franz. Das Originalmanuskript ist in der Eidgenössischen Technischen Hochschule Zürich deponiert. Wissenschaftshistorische Sammlungen der ETH-Bibliothek Zürich, Manuskript Hs 176-85, (1957?).

Picht, G.: „Philosophie oder vom Wesen und rechten Gebrauch der Vernunft", in: Meyers Enzyklopädisches Lexikon, Mannheim 1976, S. 587-591.

Primas, H.: „Time-asymmetric phenomena in biology. Complementary exophysical descriptions arising from deterministic quantum endophysics", in: Proceedings of the International Workshop „Information Biothermodynamics", Torun, im Druck.

Radnitzky, G.: „Wissenschaftstheorie, Methodologie", in: Handlexikon zur Wissenschaftstheorie, Hg. H. Seiffert und G. Radnitzky, München 1989, S. 463-472.

Stegmüller, W.: Probleme und Resultate der Wissenschaftstheorie und Analytischen Philosophie, Band 2: Theorie und Erfahrung, Erster Halbband, Berlin 1974.

Weizsäcker, C.F. v.: „Das Experiment", in: Studium Generale 1, 1947, S. 3-9.

Die Historizität der Natur und der Kritische Rationalismus

Von *Heinrich K. Erben*

Man könnte der Meinung sein, daß zumindest zum ersten Teil des hier angesprochenen Problemkomplexes fast alles Entscheidende von kompetenter Seite bereits dargelegt worden sei, und daß sich deshalb seine erneute Behandlung eigentlich erübrige. Dennoch kann es auch heute noch geschehen — und auch ich habe diese Erfahrung gelegentlich machen müssen —, daß man in Deutschland als Naturwissenschaftler von Seiten mancher Historiker darauf verwiesen wird, Geschichte komme nur dem Menschen zu; Geschichtlichkeit im genuinen Sinne sei außerhalb des geistigen Bereichs, sei in der Natur als solcher, einfach nicht gegeben.

So erscheint es also allein schon unter diesem Aspekt erforderlich, sich mit dem hier zur Diskussion stehenden Problem erneut zu befassen und von zuständiger Seite bereits Erarbeitetes — erweitert allerdings durch einige zusätzliche Erwägungen — von Neuem zur Geltung zu bringen, und zwar in der Hoffnung auf Einsicht und auf Akzeptanz der Argumente.

Der andere Teil unseres Problemkomplexes umfaßt die Frage nach der Wissenschaftlichkeit historischer Aussagen und Kontexte, und zwar vor allem solcher, die sich mit entsprechenden Aspekten naturimmanter Prozesse auseinandersetzen. Ausgangspunkt soll hierbei eine von K.R. Popper ausgelöste Kontroverse um die biologische Evolutionstheorie sein, doch umfaßt die Problematik die naturhistorische Forschung selbstverständlich ganz generell. Meinen Gedankengang möchte ich in fünf Abschnitte gliedern, und zwar:

- eine Diskussion des Begriffs „Geschichte" und seiner semantischen Tragweite,
- eine Untersuchung der Frage, inwiefern dem Naturgeschehen geschichtliche Wesenszüge eigen sind,
- eine Betrachtung der historisierenden Disziplinen der Naturwissenschaften,
- eine Klärung der Frage nach der Existenz etwaiger Gesetzmäßigkeiten der natur- bzw. kulturgeschichtlichen Prozesse und

— eine Erörterung des erkenntnistheoretischen Problems, ob und inwieweit der historisierenden Naturforschung ein voller empirisch-wissenschaftlicher Status zukommt oder ob sie metaphysisch ist.

I. Die Tragweite des Begriffs „Geschichte"

Setzen wir voraus, daß ausschließlich „der Mensch Objekt der Geschichtswissenschaft ist"[1], weil nämlich Historizität an die Phänomene des Bewußtseins und des nur dem Menschen eigenen Geistes als den Grundlagen der Kultur gebunden sei, so impliziert diese Vorstellung, der überwältigend größte Anteil unserer Welt sei geschichtslos. „Geschichte im eminenten Sinn"[2] wäre dann ausschließlich die Menschheitshistorie; der Natur als solcher würde, so diese weltanschauliche Überzeugung, das Wesen der echten Geschichtlichkeit keinesfalls zukommen.

Davon, daß eine solche Auffassung nicht angängig ist, war allerdings schon Kant ausgegangen, als er betonte: „... den Zusammenhang gewisser jetziger Beschaffenheiten der Naturdinge, die wir nicht erdichten, sondern aus den Kräften der Natur, wie sie sich uns jetzt darbietet, ableiten, nur bloß so weit zurückverfolgen, als es die Analogie erlaubt, das wäre *Naturgeschichte*."[3] Und Heinrich Rickert konzedierte, daß zumindest im Bereich der „phylogenetischen Biologie" deren narrativer Anteil unter „logischen Gesichtspunkten historisch" ist.[4] Dennoch kann es — offenbar in der Folge eines Ausspruches von W. Windelband — immer wieder geschehen, daß von seiten mancher gegenwärtiger Historiker unbeirrt die Auffassung vertreten wird, nur dem Menschen könne Geschichtlichkeit zugebilligt werden, ihm als dem einzigen „Tier, welches Geschichte hat."[5]

Daß eine derart einseitige Auslegung des Geschichtsbegriffs einer jeden Rechtfertigung entbehrt, wird heute überzeugend von Hermann Lübbe vertreten, der zunächst aufzeigt, daß tatsächlich ein sachbereichs-indifferenter, die Gebiete überwölbender Geschichtsbegriff evident wird, wenn man bereit ist, das Gemeinsame der vielfach vorhandenen spezifischen „Geschichten"[6] zu er-

---

1 E. Bernheim, *Lehrbuch der Historischen Methode*, Leipzig 1889, S. 2.
2 J.G. Droysen, *Historik*, Hg. R. Hübner, München 1971, S. 13.
3 I. Kant, *Mutmaßlicher Anfang der Menschengeschichte*.
4 H. Rickert, *Kulturwissenschaften und Naturwissenschaften*, 7. Auflage, Tübingen 1926, S. 103.
5 W. Windelband, *Geschichte und Naturwissenschaft*, in: *Präludien. Aufsätze und Reden zur Philosophie und ihrer Geschichte*, Bd. 2, Tübingen 1924, S. 152.
6 Mit Hilfe von Beispiele erläutert: Geschichte der Philosophie in der Antike, Kulturgeschichte des Vorderen Orients, Politische Geschichte des Baltikums, Geschichte der

kennen. Bei entsprechendem Abstrahieren glückt Lübbe sodann eine Definition[7], die vor allem in ihrer zweiten, ein wenig vereinfachten Version auch nach meinem Dafürhalten Allgemeingültigkeit beanspruchen darf:

Geschichten sind Prozesse der Umbildung von Systemen als Wirkung von Ereignissen, die sich zum Funktionalismus des jeweils gegebenen Systemzustands kontingent verhalten.[8]

Zu Recht hebt Lübbe ferner hervor, daß im Falle einer geschichtlichen Abfolge solcher Umbildungen nicht eigentlich die jeweils einzelne Handlung im Vordergrund steht, „ ... sondern das Sichdurchkreuzen, das Sichüberlagern von Handlungen. ... Erzählt werden Handlungsinterferenzen."[9] Strukturell als entscheidend erscheint aber vor allem, daß die Umbildung der genannten Systeme, erfolge sie nun völlig ungeregelt oder etwa gesetzmäßig, grundsätzlich Ereignissen oder Vorgängen ausgesetzt ist, die sich zur Funktionsweise des betreffenden Systems oder dem eventuell gerichteten Trend der Umbildung absolut kontingent verhalten.

Von dieser Definition und Konzeption ausgehend erweisen sich geschichtliche Verläufe automatisch als „singulär, nicht prognostizierbar und faktisch, weil mit hoher Wahrscheinlichkeit, irreversibel und, sofern gerichtet, (als) nicht zielgerichtet."[10]

Ersetzt man nun die Metapher „Handlungsinterferenzen" durch die gleichfalls metaphorische Bezeichnung „Geschehensinterferenzen" und zieht man dem Terminus „Umbildung" den Ausdruck „Entwicklung" vor, so zeigt sich, daß die hier herausgestellte Lübbesche Definition und Charakterisierung des Historischen durchaus auch bei vielen natürlichen Vorgängen zutrifft. Das ist bei jenen nichtlinearen Prozessen in der Natur der Fall, die faktisch irreversibel, aus singulären Einzelzuständen zusammengesetzt, wegen der grundsätzlich beteiligten Kontingenz nicht prognostizierbar und — falls gerichtet verlaufend — nicht final prädeterminiert sind.

Französischen Revolution, Kunstgeschichte der italienischen Renaissance, Geschichte der englischen Literatur, Religionsgeschichte des Islams, Geschichte der Physik und dergleichen.

7   H. Lübbe, „Der kulturelle und wissenschaftstheoretische Ort der Geschichtswissenschaft", in: *Wissenschaftstheorie der Geisteswissenschaften*, Hg. R. Simon-Schaefer und W.Ch. Zimmerli, Hamburg 1975, S. 134. Ders., „Die Identitätspräsentationsfunktion der Historie", in: *Poetik und Hermeneutik*, Bd. 8, *Identität*, Hg. O. Marquardt und K. Stierle, München 1978.
8   H. Lübbe, *Die Einheit der Naturgeschichte und Kulturgeschichte*, - Abh. geistesu. sozialwis. Kl., Akad. Wissensch. u. d. Literatur, Jg. 1981, Nr. 10, Mainz, S. 14.
9   H. Lübbe, *Geschichtsbegriff und Geschichtsinteresse. Analytik und Pragmatik der Historie*, Basel 1977, S. 60f.
10 H. Lübbe, *Die Einheit der Naturgeschichte und Kulturgeschichte*, a.a.O., S. 15.

Auf sie werde ich noch zurückkommen, doch zuvor erscheint mir ein kurzer Exkurs angebracht: Wenn, wie sich zeigte, historische Umbildung, geschichtliche Entwicklung oder, wenn man so will, „Evolution" nicht nur die kulturellen Bereiche durchwaltet, sondern zum beträchtlichen Teil auch die der Natur, so wäre es gewiß angängig, das diese Erkenntnis zentral enthaltende Gedankengebäude als Evolutionismus zu bezeichnen. Man hätte es dann sowohl im Umkreis der Natur als auch in dem des Gesellschaftlichen im Grunde genommen zumeist mit dem zu tun, was im Sinne der modernen Vervollständigten Systemtheorie unter dem Dachbegriff der „evolutionierenden Systeme" zusammengefaßt wird.[11]

Nun ist der Evolutionismus allerdings einer recht harschen Kritik unterzogen worden[12], als ihn R. Löw in einseitiger Weise als eine Weltanschauung zu definieren versuchte, welche die Überzeugung vertritt, „ ... daß alle Phänomene der menschlichen und der nichtmenschlichen Wirklichkeit ohne jeden Rückgriff auf Metaphysik und Religion erklärt werden können."[13] Eine solche Erklärung und mithin den so definierten Evolutionismus aber meint Löw strikt ablehnen zu müssen.

In der Tat steht eine derartige Erklärung für die Entstehung und die Mechanismen der oben erwähnten offenen und mithin evolvierenden Systeme heute zur Verfügung, und zwar seit Ilya Prigogines Entdeckung des Prinzips einer Systemdynamik dissipativ-selbstorganisatorischer Art. Dazu tritt die Erkenntnis, daß das hier gleichfalls involvierte Phänomen der Autopoiese (Selbstorganisation von Ordnung durch Fluktuation)[14] nicht nur im physikochemischen und biologischen, sondern ebenso auch im psychologischen und selbst im gesellschaftlichen Bereich auftritt. Daher ist auch nicht weiter verwunderlich, daß das von nicht-linearen Prozessen ausgehende Prinzip des synergetischen Evolutionsmodus[15] nicht nur in der Sphäre des Bios, sondern allgemein in unserer „nicht-menschlichen und menschlichen Wirklichkeit" anzutreffen ist.

Hier liefert also der Evolutionismus eine Erklärung, die sich hinsichtlich der Entstehung und des Mechanismus der offenen, evolvierenden und nicht-teleologischen Systeme ausschließlich diesseits der Grenze zur Metaphysik

---

[11] E. Jantsch, „System, Systemtheorie", in: *Handlexikon zur Wissenschaftstheorie*, Hg. H. Seiffert und G. Radnitzky, München, 1989, S. 332.
[12] R. Löw, „Evolution und die Entstehung des Neuen", in: *Universitas* 12, Dez. 1989, S. 1160-1167.
[13] Ebenda, S. 1160.
[14] Auf eine nähere Erläuterung dieser Begriffe muß des beschränkten Raumes wegen leider verzichtet werden. Daher wird auf die knappe aber für das allgemeine Verständnis ausreichende Darstellung bei E. Jantsch (vgl. Anmerkung 11) verwiesen.
[15] S. Lorenzen, „Evolution im Spannungsfeld zwischen linearer und nichtlinearer Wissenschaft", in: *Universitas* 12, Dez. 1989, S. 1149-1159. Ferner: H. Haken, *Erfolgsgeheimnisse der Natur. Synergetik: Die Lehre vom Zusammenwirken*, Stuttgart 1981.

bewegt. Eine solche Erklärung wird dem Empiriker wohl als völlig ausreichend erscheinen. Mit großer Wahrscheinlichkeit aber wird sie der Metaphysiker oder der religiös Argumentierende aus seiner Sicht als nicht hinlänglich bewerten, doch bedeutet das m.E. noch keine Widerlegung des Evolutionismus: Daß die evolutionistische Sicht etwaige metaphysische, jenseits unserer Realitäten wirkende Kräfte wegen der mangelnden Falsifizierbarkeit ihrer Annahme nicht beachtet, impliziert ja keineswegs, daß sie sie als unmöglich auszuschließen beabsichtige.

Nach dieser kurzen aber wohl nicht ganz ungerechtfertigten Abschweifung zum eigentlichen Kernthema zurückkehrend sei dieser Abschnitt mittels einer Zusammenfassung abgeschlossen:

Schon O.H. Schindewolf hatte die Forderung erhoben, „... daß der Begriff der Geschichte auch auf die anorganische und organische Entwicklung der Natur übertragen werden sollte."[16] Er begründete dieses Petitum mit dem Hinweis auf die weitgehende Übereinstimmung in der Zielsetzung und Methodik sowohl der kulturbezogenen als auch der naturorientierten Historiographie. Hermann Lübbe hat, wie gezeigt, die strukturelle Einheitlichkeit des Geschichtsphänomens herausgearbeitet, wie es beiden Sphären gemeinsam ist. Zusätzlich glaube ich, hier die systemtheoretischen Grundlagen herausgestellt zu haben, auf welchen die „Geschichten" sowohl im kulturellen Bereich als auch in dem der Natur beruhen. Unter allen diesen Umständen sollten Zweifel an der Einheit des Geschichtsbegriffs und seiner Authentizität im Wirkungskreise der Natur nun wohl nicht mehr angebracht sein.

II. Geschichtliche Wesenszüge des Naturgeschehens

Hegels Vorstellung, was in der Natur vor sich geht, sei im Gegensatz zu den historischen Abläufen des Kulturlebens nichts anderes als ein ziemlich eintöniges Geschehen „mit immer demselben Kreislauf", hat lange nachgewirkt. Nicht nur bei Wilhelm Dilthey wird die Meinung vertreten, das Naturgeschehen sei durch „leere und öde Wiederholung", sei durch „Gleichförmigkeit"[17] charakterisiert. Auch heute noch ist diese stereotyp vorgebrachte Ansicht nicht allzu selten anzutreffen, obwohl sie zumeist einer beim gegenwärtigen Bildungsstand etwas befremdlichen Unkenntnis der in der Natur herrschenden Gegebenheiten entstammt. Dieses bei weitem zu kurz greifende Fehlurteil kommt ferner zustande, wenn man sich hinsichtlich des Naturgeschehens ausschließlich an den

---

[16] O.H. Schindewolf, *Erdgeschichte und Weltgeschichte*, - Abh. Akad. Wissensch. u. d. Lit., math.-nat. Kl., Jg. 1964, Nr. 2, Mainz 1964, S. 93.
[17] W. Dilthey, *Einleitung in die Geisteswissenschaften*, in: *Gesammelte Werke*, Bd. 1, Stuttgart 1966, S. 84f.

linearen Prozessen orientiert, wie sie bisher in der klassischen Physik und Physikochemie erforscht wurden. Bei den ja gleichfalls in der Natur vorhandenen nicht-linearen Abläufen stehen die Dinge allerdings völlig anders, und bedenkt man, daß Prozesse dieser Art sowohl in der Geosphäre als auch in der Biosphäre quantitativ und qualitativ eine überragende Rolle spielen, ja daß sie — im kosmogenetischen Zusammenhang — sogar im kosmischen Bereich nicht gänzlich fehlen, so erscheint die Tragweite des oben genannten Irrtums durchaus gravierend. Es sind aber gerade diese nicht-linearen Vorgänge diejenigen, die, wie oben gezeigt wurde, evolvierende Systeme produzieren, welche sich in chronologischen Abläufen geschichtlich verändern.

Gewiß entbehren lineare Vorgänge in der Natur jeder Historizität: sie sind durchaus reversibel, nicht-singulär und daher auch voll prognostizierbar. Der freie Fall eines Körpers, dessen ballistische Flugbahn, die Umlaufbahn eines Himmelskörpers, das Verhalten von Wasser bei Schwellentemperaturen, die Lösungsfähigkeit eines Steinsalzwürfels, die Umbildung bestimmter Minerale bei bestimmten Temperaturen und Drücken, sie alle können prognostiziert bzw. berechnet werden. Alle diese hier involvierten Vorgänge gehorchen ja Naturgesetzen, die faktisch keine Ausnahme zulassen, und die man aus diesem Grund als echte, strikte Gesetze bezeichnen kann — und dies trotz der Tatsache, daß die moderne Quantentechnik sie zu sogenannten „statistischen Gesetzen" einer indeterminierten Wirklichkeit zurückstuft.[18]

[Mit welcher Skepsis man dem selbst bei manchen Naturwissenschaftlern kursierenden und unreflektiert generalisierenden Gerede von der Indeterminiertheit unserer Welt und der allgemeinen Relativierung der Striktheit von Naturgesetzen begegnen sollte, mag schon die differenzierende Betrachtung eines einzigen Beispiels erweisen. Daß ein Körper im Bereich der engeren Geosphäre und der Biosphäre nicht gemäß der Schwerkraft zu Boden fällt, sondern nach oben fliegt, würde eine Ausnahme bedeuten, die nur einmal in $(10^{10})^{10}$ Jahren eintreten könnte, wobei die Zahl dieser Jahre eine 1 mit 10 Milliarden Nullen darstellt.[19] Bedenken wir, daß das Weltall erst seit etwas weniger als 20 Milliarden Jahren existiert, mag deutlich werden, zu welchem Grade hier die statistische Möglichkeit zu einer Unwahrscheinlichkeit oder, besser gesagt, zu einer faktischen Unmöglichkeit wird. (Daß die Schwerkraft unter bestimmten Bedingungen aufgehoben sein kann, erscheint in diesem Zusammenhang unerheblich: Unter den natürlichen Bedingungen des auf der Erdoberfläche lebenden Menschen, also in der Wirklichkeit eines Mesokosmos (G. Vollmer), waren diese Fälle nie entscheidend, und sie sind heutzutage allenfalls unter artifiziellen Be-

---

[18] H.K. Erben, *Leben heißt Sterben. Der Tod des einzelnen und das Aussterben der Arten*, Hamburg 1981, S. 78f., 81, 83.
[19] B. Bavink, *Ergebnisse und Probleme der Naturwissenschaften. Eine Einführung in die heutige Naturphilosophie*, 8. Auflage, Leipzig 1944, S. 227f.

dingungen (Technik) von einer gewissen Relevanz.) — Soviel zur Gültigkeit von Naturgesetzen: Wir könnten keinen einzigen Atemzug tun, wir könnten keinen Nagel einschlagen, wenn sie nicht faktisch strikt wären.]

Während den linearen, reversiblen Prozessen, wie aufgezeigt, keine Historizität zukommt, verhält sich das bei nicht-linearen, irreversiblen Vorgängen in der Natur anders. Was die *Geosphäre* betrifft, so erscheint es zwar, daß „das Bild des Kreislaufs der Stoffe ... auch heute noch in Geochemie und Petrographie das gebräuchliche und bevorzugte Gedankenschema" ist[20], und daß dieses letztere nicht ganz ungerechtfertigt sein dürfte. Doch konnte Wolf v. Engelhardt nachweisen, daß in der Fortdauer unseres Planeten manche Stoffe, „die wie z.B. Alkalien, die Erdalkalien, Kohlendioxyd und Sauerstoff ... nicht in Kreisläufen (wandern) sondern in gerichteten Entwicklungsgängen." Bezüglich dieser Stoffe verändere sich der Bestand der äußeren Erdrinde, und die Alterung des Erdkörpers zeige, daß die „wirkliche Erdgeschichte wahre Geschichte ist."[21]

Doch nicht nur in ihrem chemischen Stoffbestand, sondern auch hinsichtlich der strukturellen Eigentümlichkeiten des tieferen Untergrundes sowie der geographischen Gliederung ihrer Oberfläche erweist sich die Erdkruste als ein offenes, evolvierendes System. Da sie nachweislich ein Produkt irreversibler[22], Singularitäten hervorbringender, der Einwirkung von Kontingenz ausgesetzter und daher nicht prognostizierbarer Prozesse ist, sind hier alle Kriterien erfüllt, die eine authentische historische Entwicklung anzeigen: Die Entwicklung unserer Erde ist eine echte Erdgeschichte.

Daß auch die Entfaltung der Organismenreiche, die Entwicklung der *Biosphäre*, eine chronologische Abfolge evolvierender Systeme, also eine echte Evolution, darstellt, ist eine Erkenntnis, die heute so trivial geworden ist, daß sich eine ausführlichere Würdigung an dieser Stelle eigentlich erübrigt, zumal es an entsprechenden Darstellungen nicht mangelt.[23]

[Wohl aber muß erneut auf die bereits erwähnte Intervention Reinhard Löws eingegangen werden, in welcher nicht nur allgemein der Evolutionismus, son-

---

[20] Der einzelne Kreislauf ist hier insofern als linear aufzufassen, als er jeweils zu seinem Ausgangspunkt zurückkehrend ein nicht offenes, sondern geschlossenes System darstellt.
[21] W.v. Engelhardt, „Kreislauf und Entwicklung in der Geschichte der Erdrinde", in: *Nova Acta Leopoldina*, N.F. 21, 143, Halle a. S. 1959, S. 98.
[22] Für erläuternde Beispiele vgl. H.K. Erben, *Intelligenzen im Kosmos? Die Antwort der Evolutionsbiologie*, München 1984, S. 25 und O.H. Schindewolf, *Erdgeschichte und Weltgeschichte*, a.a.O., S. 80-84.
[23] H.K. Erben, *Die Entwicklung der Lebewesen. Spielregeln der Evolution*, München 1975; Ders., *Evolution — eine Übersicht siebzig Jahre nach Ernst Haeckel*, Stuttgart 1990; G. Osche, *Evolution*, Freiburg 1972.

dern speziell auch die Vorstellung einer Bio-Evolution nachdrücklich zurückgewiesen wird. Ungeachtet aller bisherigen Erkenntnisse der Biologie, die durchweg eine phylogenetische Auseinanderentwicklung der Arten belegen, besteht Löw darauf, daß wir bei der Umbildung einer Biospezies in eine neue „nicht von einem Auseinander im kausal erklärten Sinn sprechen könnten." Was tatsächlich geschehen ist, sei lediglich, daß die Individuen eingerückt seien „in eine neue Art-Idee, einen Art-Logos", so wie „Materielles (ein)rückt in Ideen, so Platon, bei Christen in Artlogoi, die den Schöpfungsgedanken Gottes entsprechen."[24]

Es scheint somit notwendig, erneut darauf hinzuweisen, daß die trotz aller Versuche bisher nicht widerlegte biologische Evolutionstheorie hinsichtlich ihrer Kausalität sehr weitgehend gesichert ist durch zahlreiche Zeugnisse, „die aus sehr verschiedenen Bereichen der Wissenschaft stammen, nämlich aus der vergleichenden Morphologie und der Anatomie, aus der vergleichenden Embryologie, der Pflanzen- und der Tiergeographie, der Pathologie, der Parasitologie und der Verhaltensforschung sowie schließlich aus der vergleichenden Forschung an Körpereiweißen, am Blutfarbstoff, an Enzymen und an Immunstoffen." Dazu treten „zwingende Zeugnisse aus den Erkenntnissen der modernen Molekularbiologie, der experimentellen Genetik und der Populationsgenetik"[25] sowie nicht zuletzt die umfangreiche paläontologische Dokumentation einer Jahrmilliarden während Stammesentwicklung. Gegen diese seriösen Befunde eine Gedankenkonstruktion ins Feld führen zu wollen, wie sie der zur Zeit der Renaissance in Europa vorherrschenden „okkulten Philosophie des Neoplatonismus"[26] ähnelt, dürfte vermutlich ebenso anachronistisch erscheinen, wie die ungewöhnliche Bezeichnung des Aristoteles als „größtem Biologen aller Zeiten."[27]]

Nicht von ungefähr haben schon bisher zahlreiche Neobiologen[28] und Paläobiologen[29] die Organismen als geschichtliche Wesen aufgefaßt. Was ihre Entwicklung in der Zeit betrifft, so enthüllt die Überprüfung der Zusammenhänge auch hier die Merkmale der offenen, evolvierenden Systeme: das Hervorbringen von Singularitäten, Irreversibilitäten, Stochastizität bzw. Einwirkung von Kontingenz sowie Unmöglichkeit einer Prognose. Mithin kann kein Zweifel

---

[24] R. Löw, „Evolution und die Entstehung des Neuen", a.a.O., S. 1167.
[25] H.K. Erben, „Evolutionslehre, „-ismen" und gesellschaftliche Norm", in: *Jahrb. Akad. Wissensch. u. d. Lit.*, Mainz 1976, S. 189.
[26] F.A. Yates, *The Occult Philosophy in the Elizabethan Age*, Neudruck, London 1985.
[27] R. Löw, „Evolution und die Entstehung des Neuen", a.a.O., S. 1162.
[28] Z.B. Th. Boveri, *Die Organismen als historische Wesen*, Festrede Univ. Würzburg, 1906.
[29] Z.B. O.H. Schindewolf, *Erdgeschichte und Weltgeschichte*, a.a.O.

daran bestehen, daß auch der Werdegang und die Entfaltung der Biosphäre einen historischen Prozeß darstellen.

III. Historisierende Disziplinen der Naturwissenschaften

Daß die von Wilhelm Windelband 1894 durchgeführte strenge Scheidung der Wissenschaften in idiographische Disziplinen (Beschreibung von individuellen Zuständen und ihre singulären Veränderungen) und nomothetische (Suchen nach allgemeinen Gesetzmäßigkeiten von Zuständen oder iterativen Prozessen)[30] nicht unproblematisch ist, hatte schon Heinrich Rickert erkannt. Nimmt man nämlich mit Windelband als Paradigma des Nomothetischen pauschal die Naturwissenschaften an, so zeigt sich schnell, daß „sowohl das historische Verfahren in das Gebiet der Naturwissenschaften als auch das naturwissenschaftliche Verfahren in das Gebiet der Kulturwissenschaften über(greift)."[31] Ähnlich hat später Herrman Lübbe am Beispiel nicht nur der Psychologie, sondern auch der Wirtschaftswissenschaften und zum Teil auch der Soziologie sowie der Politologie gleichfalls demonstriert, daß eine kompromißlose Trennung von nomothetischen Natur- und idiographischen Geisteswissenschaften auf Schwierigkeiten stößt.[32]

In der Tat hat die Entwicklung der Wissenschaften Rickert nachträglich darin bestätigt, daß es auch „Mischformen" der Begriffsbildung gibt. Sie hat ferner deutlich gemacht, daß es in der Tat „eine Verkürzung (ist), wenn man Naturwissenschaften auf nomologische Erkenntnis reduzieren will. Denn es gilt doch zu beachten, daß das nomologische Wissen schließlich wieder der Erfassung des Individuellen dient."[33] Dabei erscheint mir bezeichnend, daß beide, sowohl Rickert als auch Simon-Schaefer als Beispiele die „phylogenetische Biologie"[34] beziehungsweise die Paläontologie heranziehen. Beide hätten ebenso gut auf die kosmogenetische Astrophysik oder die Geowissenschaften verweisen können.

[Tatsächlich könnte eine systematische Gliederung der Wissenschaften auch nach anderen Gesichtspunkten erfolgen. So nimmt u.a. Helmut Seiffert auch

---

30 W. Windelband, *Geschichte und Naturwissenschaft*, a.a.O., S. 136-160.
31 H. Rickert, *Kulturwissenschaften und Naturwissenschaften*, a.a.O., S. 101.
32 H. Lübbe, *Die Einheit der Naturgeschichte und Kulturgeschichte*, a.a.O., S. 6-7.
33 R. Simon-Schaefer, „Der Autonomieanspruch der Geisteswissenschaften", in: *Wissenschaftstheorie der Geisteswissenschaften*, Hg. R. Simon-Schaefer und W.Ch. Zimmerli, Hamburg 1975, S. 14.
34 H. Rickert, *Kulturwissenschaften und Naturwissenschaften*, a.a.O., S. 102-104.

auf eine Differenzierung nach den Aspekten Bezug: es könnte „grundsätzlich jede Wissenschaft — von der Physik bis zur Sprachwissenschaft — in drei Disziplinen gegliedert werden: in die allgemeine Disziplin, die vergleichende Disziplin und die historisch-genetische Disziplin."[35] Das ist in vielen Fällen zweifellos akzeptabel, und zwar dort, wo diese Situation eigentlich jetzt schon in eindeutiger Weise evident ist. Ob die kompromißlose Verallgemeinerung der Aussage aber ausnahmslos überall vertreten werden kann, mag bezweifelt werden. Zudem ist Seiffert auch eine unausweichliche aber wohl kaum erstrebenswerte Konsequenz klar: Die „Geschichtswissenschaft" als eine eigene, autonome Disziplin würde in einer solchen Systematik nicht mehr Bestand haben können, sie würde sich notwendigerweise auflösen müssen in eine nicht unerhebliche Zahl von kulturbezogenen eigenen „Geschichten" im Sinne von Anmerkung 6. Unter diesen Umständen und da meine hier vorgelegte Betrachtung nun einmal vom antagonistischen und zugleich komplementären Begriffspaar Kultur/Natur ausgeht, ziehe ich vor, for the sake of argument auf die Rickertsche Gliederung auch weiterhin Bezug zu nehmen.]

In den *Geowissenschaften* erfaßt die Allgemeine Geologie jene Gesetzmäßigkeiten, nach welchen sich z.B. die Bildungen und Umbildungen der Erdkruste vollziehen: Abtragung der Gesteine und Sedimentation, Dislokationen der Gesteinsschichten und Krustenbewegungen aller Art, Vulkanismus, Plutonismus, usw. — Mineralogie, Kristallographie, Petrologie sowie Geochemie untersuchen vor allem die Gesetzmäßigkeiten des Chemismus, der Kristallisation und Umkristallisation von Mineralen, sowie des Stoffbestandes und der Metamorphose von Gesteinen, der Bildungsbedingungen der metallischen und nicht metallischen Lagerstätten, usw. — Und die Allgemeine Geophysik, die der festen Erde, fahndet nach den Gesetzmäßigkeiten in der Struktur des tieferen Untergrundes, den Bedingungen des Erdmagnetismus und ähnlichem.

Unter diesen Aspekten sind alle diese Fächer uneingeschränkt nomothetisch. Sobald aber ihre Erkenntnisse für das Ziel eingesetzt werden, die geologische Vergangenheit unseres Planeten zu ergründen und die chronologische Abfolge und Interferenz der geologischen Geschehnisse zu rekonstruieren, werden sie zu einem Teil jener Disziplin, die (einschließlich der Paläoklimatologie, Paläoozeanographie, Magnetostratigraphie u. dgl.) völlig zu Recht die Bezeichnung „Historische Geologie" trägt. Diese aber ist von Grund auf idiographisch: narrativ gibt sie wieder, was sie zuvor an individuellen, in ihrer Geschichtlichkeit jeweils einmaligen Ereignissen erfaßt, überprüft und rekonstruiert hat. Sie ist die große Synopse, auf welche hinorientiert die einzelnen nomothetischen Einzeldisziplinen der Geowissenschaften, so will mir erscheinen, erst ihren

---

[35] H. Seiffert, „Systematik der Wissenschaften", in: *Handlexikon zur Wissenschaftstheorie*, Hg. H. Seiffert und G. Radnitzky, München 1989, S. 350.

Sinn und Eigenwert gewinnen. Insofern, also letztlich aus ihrer Intention motiviert, ist die Geologie eine grundsätzlich historische Naturwissenschaft.[36]

Für die *Biowissenschaften* gilt ähnliches. Solange Molekularbiologie, Mikrobiologie, Embryologie, Morphologie und die an anderer Stelle erwähnten biologischen Disziplinen sich auf jene objektbezogenen, zur Entdeckung von allgemein zutreffenden Gesetzmäßigkeiten führenden Untersuchungen konzentrieren, dürften sie als nomothetisch gelten. Wo aber ihre Ergebnisse in der Absicht zusammengefaßt werden, die faktisch irreversiblen, mithin jeweils einzigartigen, vergangenen Evolutionsschritte der Lebensformen zu ermitteln und so ihre einstige Entwicklung auf der Erde zu rekonstruieren, stellen sich die Charakteristika des Geschichtlichen ein: die „Historische Biologie", d.i. die Paläobiologie (im Hinblick auf die Phylogenetik), ist eine eindeutig idiographische Disziplin.[37]

[Sowohl die Historische Geologie als auch die Historische Biologie beschreiben Gesamtkomplexe, die sich in ihrer Gänze aus den Abfolgen und Interferenzen einer enormen Fülle von singulären Ereignissen zusammensetzen. Verständlich wird ein jedes von ihnen durch die Erklärung seines Ursprunges. Dabei ist K.R. Popper durchaus darin zuzustimmen, daß „Ursprungsfragen 'Wie- und-Warum-Fragen' sind"[38] und daß sie in spezifisch historischen Zusammenhängen Bedeutung erlangen. Verwunderlich mag allerdings das etwas apodiktische und jedenfalls recht subjektive Votum erscheinen, dem zufolge derartige Fragen „theoretisch relativ unwichtig" seien. Sind etwa die Fragen nach dem Ursprung des Menschen, d.h. nach dem Ursprung der biologischen und der geistigen conditio humana theoretisch unwichtig? Aus der Sicht des Empirikers lassen sich beide „nur historisch erklären".]

---

[36] Vgl. insbesondere H. Hölder, *Geologie und Paläontologie in ihren Texten und ihrer Geschichte*, Freiburg 1960, S. 462-464, 484ff. Ders., „Geologie als historische Naturwissenschaft", in: *Geol. Mitt.* 3, Aachen 1962, S. 11-22. Ders., „Das historische Element in der Geologie", in: *Evang. Erzieher* 15, Frankfurt 1963, S. 16-22.
[37] Natürlich gilt gleiches für die Paläoökologie, Paläopathologie, Paläozoogeographie, Paläophytogeographie und ähnliche Teildisziplinen. Betreffs der allgemeinen Evolutionstheorie sei, wie noch zu diskutieren sein wird, eingeräumt, daß ihr idiographischer Status von Rickert nicht ganz zu Unrecht bezweifelt wurde.
[38] K.R. Popper, *Das Elend des Historizismus*, 4. Auflage, Tübingen 1974, S. 113.

IV. Gesetze des Historischen?

Die Vorstellung einer steten Gesetzmäßigkeit in der Geschichte kommt wohl am ausgeprägtesten bei Oswald Spengler zum Tragen.[39] Allerdings wird man ihm nicht zustimmen, wenn er meint, ihr Gang sei dem Entwicklungsablauf des einzelnen Menschen vergleichbar (Jugend — Adultphase — Vergreisung). Will man tatsächlich den „Zauberstab der Analogie" (Novalis) gebrauchen, so muß festgestellt werden: „ ... nicht mit der Abfolge von Lebensstadien des Individuums hätte Spengler den Entwicklungsgang von Kulturen vergleichen dürfen, sondern allenfalls mit den Regelabläufen der Evolution von biologischen Arten, also mit deren Phylogenie."[40] Nicht ganz so weit wie Spengler ging Arnold J. Toynbee, für den es in der Gesamtentwicklung wie auf einem Gobelin immerhin „eine sich entwickelnde Zeichnung", gebildet von einer Folge von rekurrenten Entwicklungsmustern, gibt[41] — eine Regelhaftigkeit, die nach den Worten von Toynbee allerdings Ausnahmen zuläßt, ja sogar immanent in sich birgt. Auch Paul Kennedy vertritt bis zu einem gewissen Grade die Vorstellung eines geregelten — hier allerdings von ökonomischen Wandlungen und Konflikten gesteuerten — Ablaufs der Geschichte: Alle Weltreiche der letzten fünfhundert Jahre sollen sich nach dem gleichen Rhythmus entwickelt haben, der die Phasen des Aufstiegs, der Überdehnung, der Erschöpfung und des Abstiegs enthält.[42]

Was nun den Aufstieg und Niedergang von Kulturen betrifft, so lassen tatsächlich Fallstudien „allgemein gültige Regelhaftigkeiten oder zyklisch wiederkehrende Verlaufsmuster wohl kaum erkennen."[43] Damit stehen sie in gutem Einklang mit der heute allgemein vertretenen Auffassung der meisten Kulturhistoriker. Ein anderes Kapitel bilden die weltanschaulich motivierten Verkündigungen „eherner" Gesetzmäßigkeiten, die in die Zukunft projizierten Heilsversprechnungen aller Art begründen sollen. Neben den Religionen und chiliastischen Bewegungen verschiedenster Provenienz gehören in diese Rubrik auch die säkularen Ideologien und ihre Verheißungen, wie etwa die eines tausendjährigen nationalsozialistischen Reiches oder, wie im Falle des Historischen Materialismus, die der paradiesischen Zustände, die bevorstehen, sobald erst der „neue Mensch des sozialistischen Typs" geschaffen sein wird. Bewe-

---

[39] O. Spengler, *Untergang des Abendlandes. Umrisse einer Morphologie der Weltgeschichte*, 5. Auflage, München 1979.
[40] H.K. Erben, *Leben heißt Sterben. Der Tod des einzelnen und das Aussterben der Arten*, a.a.O., S. 203-227 (Zitat: S.227).
[41] A.J. Toynbee, *Der Gang der Weltgeschichte*, Bd. 1, *Aufstieg und Verfall der Kulturen*, 3. Auflage, Bd. 2, *Kulturen im Übergang*, 2. Auflage, München 1946, S. 144.
[42] P. Kennedy, *Aufstieg und Fall der großen Mächte*, Reinbek 1989.
[43] H.K. Erben, *Leben heißt Sterben. Der Tod des einzelnen und das Aussterben der Arten*, a.a.O., S. 225.

gungen dieser auf dem Glauben an universale geschichtliche Gesetze gegründeten Art, von K.R. Popper unter der Bezeichnung „Historizismen" subsummiert, wurden vom ihm zu Recht einer nachdrücklichen Kritik unterzogen[44], weil es sich erwiesen hat, „daß es uns aus streng logischen Gründen unmöglich ist, den zukünftigen Verlauf der Geschichte mit rationalen Methoden vorauszusagen." Da aber Prognosen zu ermöglichen eine der conditiones sine quae non eines Gesetzes ist, deutet die grundsätzliche Unmöglichkeit des Prognostizierens zwingend auf die Abwesenheit jeglicher Gesetzlichkeit hin. Im übrigen wäre es sinnlos, im Fall eines singulären Prozesses mit einer Gesetzmäßigkeit zu rechnen.[45] Daß dasselbe schließlich auch bei allen Prozessen zutrifft, bei welchen Kontingenz, Zufallsgeschehen, intervenieren kann, dürfte eine Trivialitität sein.

Wenn es denn im Historischen tatsächlich keine spezifischen Gesetze[46] geben kann, so treffen wir hier doch häufig genug zumindest Regelhaftigkeit[47] an, und zwar einerseits in Form von iterativen, analog verlaufenden Trends. Andererseits sind auch komplexere, gerichtet anmutende Tendenzen zu beobachten, die wie wiederholt auftauchende Ablaufmuster wirken und freilich ohne imperative Rigidität eher locker regelhaft verteilt erscheinen. Aber: dieses Gerichtetsein des betreffenden Entwicklungsganges ergibt sich nicht etwa aus einem historischen Gesetz, sondern „aus der Selektionswirkung der Änderung dessen, ... was unter sich verändernden Verhältnissen rational ist. Für den Anpassungsdruck stehen, emphatisch formuliert, die Imperative der Vernunft. Auch diese Imperative wirken selektiv, und erst aus dieser Selektion — nicht eo ipso aus der Zielbezogenheit rationaler Handlungen — ergibt sich Gerichtetsein der sozialgeschichtlichen Evolution."[48] Nicht intendiert und wenn schon gerichtet, so

---

[44] K.R. Popper, *Das Elend des Historizismus*, a.a.O., S. XI, Vorwort der englischen Ausgabe.
[45] H. Lübbe, *Geschichtsbegriff und Geschichtsinteresse. Analytik und Pragmatik der Historie*, a.a.O., S. 127.
[46] Daß das sogenannte „Gesetzesartigkeitsproblem" bis heute noch nicht mit Hilfe einer von allen Epistemologen akzeptierten Definition gelöst werden konnte, hat kürzlich Max Jammer dargetan. Für die Zwecke der hier vorgelegten Betrachtung wird es aber wohl ausreichen, sich der Begriffe „Gesetz" und „Regel" nach Maßgabe der Umgangssprache zu bedienen: Gesetz = typisiert durch die Unzulässigkeit einer jedweden Ausnahme. — Regel = charakterisiert durch einen mit signifikanter Häufigkeit wiederkehrenden Sachverhalt bei grundsätzlich möglichen Ausnahmen. M. Jammer, „Gesetz", in: *Handlexikon zur Wissenschaftstheorie*, Hg. H. Seiffert und G. Radnitzky, München 1989, S. 116.
[47] K. Hübner, „Grundlage einer Theorie der Geschichtswissenschaften", in: *Wissenschaftstheorie der Geisteswissenschaften*, Hg. R. Simon-Schaefer und W. Ch. Zimmerli, Hamburg 1975, S. 105.
[48] H. Lübbe, *Geschichtsbegriff und Geschichtsinteresse. Analytik und Pragmatik der Historie*, a.a.O., S. 261.

doch nicht etwa zielgerichtet, stellt das Tendenzmuster einen gewissen Automatismus dar, der sich allerdings insofern kontingent verhält, als er jederzeit von nicht-rationalen, exo- oder endogen bedingten Geschehnissen arretiert werden kann. Vor allem unter diesem letzteren Aspekt wird deutlich, daß iterative Trends und Tendenzmuster keinen Gesetzcharakter tragen. (Auf K.R. Poppers strikt logische Argumentation, die letzlich zum selben Resultat führt[49], werde ich im nächsten Abschnitt eingehen.) Sie beruhen auf Regeln von recht unterschiedlicher Reichweite ihrer Gültigkeit.

Auch in der *erdgeschichtlichen Entwicklung* machen sich, bei aller Singularität der in ihr enthaltenen Geschehnisse, zwar keine historischen Gesetze bemerkbar, wohl aber verschiedene rekurrente Trends und Ablaufmuster: Auf Gebirgsbildung folgt Abtragung der Gebirge, und über dem sich einebnenden Rumpf wird in der Regel zuallerst der Schutt der abgetragenen Gesteine in spezifischer Form abgelagert (Molasse, Flysch); Transgressionen des Meeres bewirken in der Regel Vergleichbares (Transgressionskonglomerate); dem Aufklaffen großräumiger Bruchstrukturen der Erdkruste folgt in der Regel ein vehementer Vulkanismus; usw. — Wohlgemerkt, alle diese Muster liefern Resultate, die zwar vergleichbar, gleichwohl individuell durchaus eigenständig sind: Die permokarbonische Eiszeit in Parana, die quartärzeitliche Eiszeit in Europa, sie alle trafen jeweils veränderte Randbedingungen an, sie begegneten unterschiedlichen erdhistorischen Situationen, sie waren untereinander zwar homolog, jedoch keineswegs identisch und mithin durchaus individuell. Und vor allem: ihr Auftreten folgte zwar einem Verlaufsmuster, war aber keineswegs unvermeidlich; die sie bedingenden Faktorenkonstellationen hätten in der Entwicklung zufällig auch ausbleiben können.

In der *Geschichte des Lebens*, also in der narrativen Phylogenetik, war nicht nur zu E. Haeckels Zeiten, sondern auch noch nach ihm oft von „Gesetzen" die Rede: vom Biogenetischen Grundgesetz Haeckels, vom Gesetz der stammesgeschichtlichen Größenzunahme, vom Copeschen Gesetz (Gesetz des Entstehens von Neuem aus unspezialisierten Vorfahren), vom de Rosaschen Gesetz (Gesetz der fortschreitenden Einengung der evolutiven Bandbreite), vom Dolloschen Irreversibilitätsgesetz und anderen.[50]

Sie alle haben sich, wenn wir der in Anmerkung 46 angedeuteten Definition folgen wollen, allerdings als Ausnahmen zulassende Regeln erwiesen. Einem Gesetz noch am nächsten mag wohl die Irreversibilitätsregel kommen, bei der die statistische Wahrscheinlichkeit einer Ausnahme zwar grundsätzlich gege-

---

49 K.R. Popper, *Das Elend des Historizismus*, a.a.O., S. 90f.
50 H.K. Erben, *Die Entwicklung der Lebewesen. Spielregeln der Evolution*, a.a.O., S. 207-236; oder auch ders., „Evolutionslehre, „-ismen" und gesellschaftliche Norm", a.a.O., S. 196-203.

ben, aber so unendlich gering ist, daß sie beinahe mit Null zusammenfällt.[51] Alle anderen stellen Verlaufsmuster der Evolution dar, die im Laufe der Erdgeschichte mit jeweils geringerer oder größerer Häufigkeit auftraten, und die vollauf jenen Trends oder Tendenzkomplexen entsprechen, die weiter oben im Zusammenhang mit der Humanhistorie oder der Erdgeschichte erwähnt worden sind.

[Von besonderem Interesse mag in diesem Kontext vielleicht jene Problematik sein, die unter dem Terminus Orthoevolution (bzw. der inzwischen aufgegebenen Bezeichnung „Orthogenese") lange und heiß umstritten gewesen ist. Das zugehörige Phänomen kam in der Stammesentwicklung nicht allzu selten vor und stellte sich als im Prinzip tendenziell „gerichtete" Entwicklung einzelner Stammeslinien oder -gruppen dar, so etwa, wenn ein Merkmal, ein Organ oder der ganze Organismus während der Phylogenese in geradlinig „gerichteter" Weise an Komplexität oder Größe zu- oder abnahm.[52] Tatsächlich kommt diese Erscheinung durch eine mit der Zeit abnehmende Einengung der evolutiven Möglichkeiten zustande, die durch fortlaufendes Ausschließen von nicht gewählten Optionen zu einer zunehmenden „Kanalisation" der Evolution führt. Die dabei sich einstellende, zunehmende Ausrichtung „ergibt sich dadurch, daß mit jedem Evolutionsschritt auf ganze Bündel von weiteren Entwicklungsmöglichkeiten verzichtet werden muß, bis schließlich nur die 'Einbahnstraße' als einzige Möglichkeit übrigbleibt."[53]

Wenn die Bio-Evolution tatsächlich auf einer Kombination von „Zufall und Notwendigkeit" beruht[54], so wird bei der Orthoevolution der „Zufall" (Zufälligkeit der Mutation und Rekombination) durch die „Notwendigkeit" (Kanalisation durch äußere oder innere Selektion) fortlaufend zurückgedrängt, bis ihm kaum noch ein Spielraum verbleibt. Hier würde es also naheliegen, an eine historische Gesetzmäßigkeit zu denken. Dennoch ist eine Prognose nicht möglich: das Ende des orthoevolutiven Trends kann im Aussterben der Linie bestehen — und das ist meistens der Fall —, oder in einem unvorhergesehen Neubeginn aus einem zuvor irrelevanten Merkmalskomplex.]

---

[51] H.K. Erben, *Die Entwicklung der Lebewesen. Spielregeln der Evolution*, a.a.O., S. 233-235.
[52] Für Beispiele ebenda, S. 210-219.
[53] H.K. Erben, *Leben heißt Sterben. Der Tod des einzelnen und das Aussterben der Arten*, a.a.O., S. 150.
[54] J. Monod, *Zufall und Notwendigkeit. Philosophische Fragen der modernen Biologie*, München 1971. Vgl. auch M. Eigen und R. Winkler, *Das Spiel. Naturgesetze steuern den Zufall*, München 1975.

In allen Fällen also iterative Verlaufsmuster, Tendenzen, Trends. Aber: „Trends sind keine Gesetze"[55]; die Bio-Evolution folgt keinen Gesetzmäßigkeiten, sie richtet sich im Grunde genommen nach „Spielregeln".[56]

V. Ist die historische Naturforschung „metaphysisch"?

Schon Descartes hatte die Auffassung vertreten, historische Aussagen seien nicht wissenschaftlich, weil wir niemals eine genaue, eindeutige Erkenntnis hinsichtlich vergangener Begebenheiten erzielen können. Und Spengler ging sogar so weit zu empfehlen, Natur solle man wissenschaftlich behandeln, über Geschichte aber müsse man dichten.

Beide Autoren bezogen sich auf den Begriff der empirischen Wissenschaften (im Sinne der Bedeutung des angelsächsischen 'science'), und dasselbe gilt auch bei Poppers Bemühen um das Abgrenzungsproblem. Dabei hat Popper aus epistemologischer Sicht zwar sehr eindeutig gegen den von ihm so genannten 'Historizismus' Stellung bezogen, doch hat er sich aus der Sicht des Kritischen Rationalismus hinsichtlich des erkenntnistheoretischen Status der Geschichtsforschung als solcher meines Wissens kaum unmißverständlich oder auch endgültig festgelegt. Wie noch zu zeigen sein wird, trifft das auch im Zusammenhang mit der Historizität des Naturgeschehens zu, bei dem es sogar zu etwas widersprüchlichen Äußerungen Poppers kam (s.u.). Unsere in der Überschrift enthaltene Frage hat mithin durchaus ihre Berechtigung.[57]

Eine besondere Aktualität gewann unsere Frage durch eine Kontroverse zwischen Popper und dem britischen Paläontologen Beverly Halstead.[58] Nachdem Popper an einer Stelle kund getan hatte, daß seiner Meinung nach der „Darwinismus keine wissenschaftliche Theorie ist, sondern metaphysisch"[59], war dieses Verdikt mit größter Genugtuung von Seiten der amerikanischen fundamentalistischen Creation Science-Bewegung sogleich als Zeugnis gegen die im Biologieunterricht und vor Verfassungsgerichten bekämpfte Evolutionstheorie

---

[55] K.R. Popper, *Das Elend des Historizismus*, a.a.O., S. 90.
[56] Vgl. Anm. 50.
[57] Ob dabei die von Popper stammende Gleichsetzung von „nicht-empirisch" mit „nicht-wissenschaftlich = metaphysisch" Klarheit schafft, bleibe allerdings dahingestellt, denn die Metaphysik umfaßt ja auch weite Bereiche, die hier nicht angesprochen sind, so daß nur allzu leicht ein schiefes Bild entstehen könnte: Mit den an den Grenzen der Erkenntnis liegenden Problemen der letzten Zusammenhänge und Grundlagen des Seins haben die kulturgeschichtliche und auch die historisierend naturwissenschaftliche Quellenforschung und -interpretation jedenfalls nichts zu tun.
[58] H.K. Erben, *Intelligenzen im Kosmos? Die Antwort der Evolutionsbiologie*, München 1984, S. 170f.

verwendet worden. Der entstandene Schaden war dabei nicht unbeträchtlich.[60] Zwar relativierte Popper später seine Aussage[61], doch wurde in England erneut Bezug auf seine erste Einlassung genommen, was Halstead zu einer recht nachdrücklichen Kritik veranlaßte.[62] Daraufhin erklärte nun Popper hinsichtlich der Paläontologie — was natürlich die Phylogenetik mit einschließt — umgehend, er „wünsche hier zu bestätigen, daß diese und andere historische Wissenschaften (seiner) Meinung nach wissenschaftlichen Charakter besitzen: ihre Hypothesen können in vielen Fällen überprüft werden."[63]

Hierzu ist verschiedenes zu bemerken:

Daß Popper bei dieser letzten Stellungnahme den historischen Disziplinen und Betrachtungsweisen die Falsifizierbarkeit ihrer Aussagen zugesteht und sie dabei den empirischen Wissenschaften ('sciences') in dieser Hinsicht gleichstellt, überrascht wohl ein wenig. Leider bleiben die Einzelheiten seines diesbezüglichen Gedankenganges unausgesprochen.

Ferner: Popper verfügt zwar hinsichtlich der Bio-Evolution über die allerwichtigsten theoretischen Grundkenntnisse — in der Compton Lecture und der Spencer Lecture legt er mit ostentativer Bescheidenheit „errötend" und „dilettierend" sogar eine eigene Entwicklungstheorie vor, die allerdings, wie er sehr zu Recht befürchtet, „den vorhandenen Entwicklungstheorien wenig hinzufügt außer vielleicht einer veränderten Betonung gewisser Schwerpunkte."[64] Doch leider unterscheidet er weder an dieser noch an anderen Stellen säuberlich zwischen einerseits dem spezifischen Darwinschen Kausalmechanismus (Darwinismus = Selektionismus) und andererseits der Allgemeinen Evolutionstheorie als solcher (nämlich im Gegensatz zur Linneschen Vorstellung einer Stabilität der Organismenwelt). Tatsächlich formulierte Popper durchweg so, als handle es sich um Synonyme.

Schließlich: An keiner Stelle geht Popper auf jenen grundlegenden Unterschied ein, der zwischen der bei ihm immer wieder angesprochenen Evolutionstheorie (also dem zeitlosen Evolutionsphänomen an sich und seinen universalen Mechanismen) und auf der anderen Seite einem rekonstruierenden Berichten über das real abgelaufene bio-evolutive Geschehen besteht.

---

[59] K.R. Popper, *Unended quest*, La Salle, Ill. 1976.
[60] St.G. Brush, „Prediction and theory evaluation: The case of light bending", in: *Science* 246, 1. Dec. 1989, S. 881.
[61] K.R. Popper, „Natural selection and the emergence of mind", in: *Dialectica* 32, 1978, S. 344.
[62] B. Halstead, „Popper - Good philosophy, bad science?", in: *New Scientist*, Juli 1980.
[63] K.R. Popper, „Leserbrief", in: *New Scientist*, August 1980.
[64] K.R. Popper, *Objektive Erkenntnis. Ein evolutionärer Entwurf*, 2. Auflage, Hamburg 1974, S. 267ff., 283.

Zu all dem ist klarzustellen:

Das Rekonstruieren der Bio-Evolution und das narrative Darlegen ihres Ablaufs in der geologischen Vorzeit, also die Phylogenetik, ist echte Historiographie, ist, wie bereits erwähnt, durchaus idiographisch, also nicht prognosefähig, nicht falsifizierbar und insofern nicht im strengen Sinn empirisch.

Anders der Darwinismus. Er soll zwar Popper zufolge gleichfalls historisch sein, denn die in ihm enthaltene Theorie der natürlichen Auslese „konstruiert eine Situation und zeigt, daß, wenn diese geben ist, die zu erklärenden Dinge wahrscheinlich sind."[65] (Entsprechendes müßte dann auch für den Neodarwinismus, die Synthetische Theorie und die Systemtheorie der Evolution[66] gelten). Wesentlich sei ferner, daß Darwins Entwicklungstheorie „keine universellen Gesetze enthält"[67], was ich allerdings bestreite.

In diesem Zusammenhang ist Popper entgegenzuhalten: Die durchaus reale Selektion wirkt — experimentell nachweisbar — gegenwärtig und universell. Sie ist nicht etwa eine pure Gedankenkonstruktion, sondern eine Beobachtungstatsache. „Historisch" ist sie allenfalls so sehr oder so wenig wie z.B. die Ursache von Ebbe und Flut oder so manches andere Naturphänomen, das es auch schon in der Vergangenheit unseres Planeten gab.

Ferner: Sie gründet insofern auf einem universalen Gesetz, als sie eine der wichtigsten konstituierenden Voraussetzungen für den Begriff des Lebens darstellt.[68] Die Aussage „Alles Leben hängt (u.a.) vom Wirken einer natürlichen Auslese ab" ist im Sinne von Popper ein Allsatz[69] und mithin falsifizierbar. Diese Tatsache aber müßte den Darwinismus beziehungsweise die ihn inkorporierenden modernen Abwandlungen der Evolutionstheorie (s.o.) als den empirischen Wissenschaften zugeordnet ausweisen, zumal sie sich ja, wie gesagt, nicht etwa mit historischen Abläufen, sondern mit ubiquitären, nicht singulären, gesetzmäßigen Mechanismen der Bio-Evolution befassen.

Was aber nun die biologische Allgemeine Evolutionstheorie betrifft, so gelangt man auf einem anderen Weg zu einem grundsätzlich gleichen Ergebnis, und zwar dann, wenn man jene Falsifikationskriterien zugrundelegt, die von G. Andersson entwickelt[70] und von G. Radnitzky modifiziert worden sind[71]:

---

[65] K.R. Popper, *Objektive Erkenntnis. Ein evolutionärer Entwurf*, a.a.O., S. 298.
[66] F.M. Wuketits, *Evolutionstheorien. Historische Voraussetzungen, Positionen, Kritik*, Darmstadt 1988, S. 169.
[67] K.R. Popper, *Objektive Erkenntnis. Ein evolutionärer Entwurf*, a.a.O., S. 294.
[68] M. Eigen und R. Winkler, *Das Spiel. Naturgesetze steuern den Zufall*, a.a.O.
[69] K.R. Popper, *Logik der Forschung*, 6. Auflage, Tübingen 1976, S. 39.
[70] G. Andersson, *Kritik und Wissenschaftsgeschichte. Kuhn, Lakatos' und Feyerabends Kritik des Kritischen Rationalismus*, Tübingen 1988.

„Ein Theoretisches System TS ist falsifiziert durch falsifizierende Prämissen FP genau dann, wenn erstens (nach dem Stand der Forschung) FP weniger problematisch ist als TS und zweitens FP dem TS logisch nicht widerspricht."

In der Anwendung dieser Kriterien auf die biologische Allgemeine Evolutionstheorie ergeben sich m.E. die folgenden Aussagen und Konklusionen:

Aussage zu TS: „Ungeachtet der singulären Urzeugung gilt, daß alle Organismengruppen durch Evolution aus Ahnenformen hervorgehen."

Aussage zu FP: „Als potentiell falsifizierende Prämisse muß die Negation jener kausalen Mechanismen KM gelten, die aus den diesbezüglichen Befunden der Molekulargenetik und der Populationsgenetik ersichtlich werden."[72]

Aussagen zu P (= Prognose)[73]: „Auch alle künftigen Organismengruppen werden durch Evolution aus Ahnenformen hervorgehen", oder auch: „Es werden auch künftig keine Organismengruppen entstehen, die nicht evolutiv hervorgebracht wurden."

Konklusion:

1. Beim derzeitigen Stand ist die Widerlegung der KM (also der FP) weitaus problematischer als das TS, und
2. würde sie dem TS logisch widersprechen. Ferner:
3. P selbst sowie seine etwaige Negation wäre grundsätzlich intersubjektiv überprüfbar.

Als Fazit ergibt sich aus diesen Erwägungen, daß die biologische Evolutionstheorie bisher nicht falsifiziert ist, und vor allem, daß sie bei Anwendung auch der verbesserten Falsifikationskriterien Anderssons und Radnitzkys grundsätzlich falsifizierbar ist. Sie muß somit auch unter diesen Aspekten den empirischen Bereichen der Biologie zugeordnet werden.

Einen anderen epistemologischen Status — noch einmal sei es betont — hat hingegen die berichtende Stammesgeschichte, die, weil sie eine Historiographie der Entwicklung des Lebens darstellt, als nicht voll empirisch aufzufassen ist. Und was die Aussagen zur Erdgeschichte im Gegensatz zu jenen der allgemeinen geowissenschaftlichen Forschung betrifft, so gilt hier ähnliches: auch

---

[71] G. Radnitzky, „Der Kritische Rationalismus in der Erkenntnistheorie und politischen Philosophie", in: *Karl Popper und die Philosophie des Kritischen Rationalismus*, Hg. K. Salamun, Amsterdam 1989, S. 190f.

[72] Die darwinistische Selektionstheorie, die sie inkorporierende Synthetische Theorie und die Systemtheorie der Evolution fasse ich hier als zusätzliche Hilfstheorien auf. Solange keine von ihnen auf historische Zusammenhänge Bezug nimmt, besteht auch in ihren Fällen Falsifizierbarkeit.

[73] Der Wert und die Überzeugungskraft prognostischer Bewährung sind kürzlich etwas relativiert worden: St. G. Brush, „Prediction and theory evaluation: The case of light bending", a.a.O.

sie wird man nicht in der vollen Bedeutung des Wortes als empirisch bezeichnen können.

Im übrigen liegt mir daran zu betonen, daß alle beiden Sektoren der historisierenden Naturforschung von der geisteswissenschaftlichen Geschichtsforschung zwar hinsichtlich ihres Bezugsgegenstandes und ihrer spezifischen Problematik differieren, daß sie mit ihr aber betreffs der grundsätzlichen Methodik und der logischen Argumentationsweise auch viel gemeinsam haben. Die Situation dürfte aus der folgenden zusammenfassenden Übersicht hervorgehen:

Naturwissenschaftliche nomothetische Sektoren	Naturwissenschaftliche historiographische Sektoren	Geisteswissenschaftliche Geschichtsschreibung
reproduzierbares Experiment	kritisches Quellenstudium	kritisches Quellenstudium
Aussage und ggf. Prognose[74]	Aussage und ggf. Retrognose	Aussage und ggf. Retrognose
intersubjektiv („objektiv") nachprüfbar	aktualistisch[75] = quasihermeneutisch	hermeneutisch
Deduktion	Abduktion[76]	Abduktion
Aussagen falsifizierbar	Aussagen nicht falsifizierbar	Aussagen nicht falsifizierbar

Aus dieser Übersicht mag sich ergeben, daß die beiden historiographischen Sektoren als solche in der Tat nicht als empirisch gelten können. Da aber zumindest ihre analytische Quellenforschung durchaus empirisch vorgeht, wird man m.E. der Lage am ehesten gerecht, wenn man diese Disziplinen als semiempirisch bezeichnet. „Metaphysisch" in der heute allgemein üblichen Auffassung des Begriffs sind sie jedenfalls nicht ausgerichtet.

---

[74] Vgl. Anm. 73.
[75] Das aktualistische Prinzip (engl.: uniformitarianism) verlangt, daß Vorgänge und Entscheidungen der geologischen und der paläontologischen Vergangenheit so zu interpretieren sind, wie sich aus den vergleichbaren Vorgängen und Erscheinungen in der Gegenwart ergibt. Zwar hat dieses Verfahren seine Grenzen, insgesamt aber handelt es sich um ein plausibles und heuristisch höchst fruchtbares Prinzip.
[76] Vgl. W. von Engelhardt u. J. Zimmermann, *Theorie der Geowissenschaft*, Paderborn 1982, S.100ff., 227f.; Ch.S. Peirce, *Schriften*, Hg. Karl-Otto Apel, Frankfurt 1967/70, Bd. 1, S. 373ff.; Bd. 2, S. 357ff.

Einige wissenschaftstheoretische Probleme aus der Sicht des Nationalökonomen

Von *Peter Bernholz*

I. Einleitung

Lange bevor ich Popper, Radnitzky, Albert und ihre Werke kennenlernte, scheine ich ein Anhänger des Kritischen Rationalismus gewesen zu sein. So zitiere ich in meiner Dissertation von 1955 zustimmend André Mercier (1941, S. 35):

„Wenn unsere Intelligenz zum Aufbau der Physik sich einmal für Gegenstände, deren Begriff sie ohne Diskussion annimmt, und also dabei vorausgesetzt hat, daß diese Regeln tatsächlich auf die natürlichen Gegenstände angewendet werden können, so muß sie erkennen, ob die Natur sich in dem durch diese Regeln festgesetzten Rahmen gut oder schlecht eingliedern läßt."

Und ich füge hinzu:

„Die volkswirtschaftliche Theorie befindet sich mit den Gesetzen, die sie in ihre Modelle als Prämissen aufnimmt, in der gleichen Lage wie die Physik: Diese Gesetze sind nichts Endgültiges, und das Maß für ihre Richtigkeit kann nur sein, daß sie die beobachteten Erscheinungen gut erklären" (Bernholz 1955, S. 40).

In diesem Vortrag möchte ich auf drei wissenschaftstheoretische Probleme eingehen, die mir mehr oder minder spezifisch für die Sozialwissenschaften oder zumindest für die Naturwissenschaften nicht von gleicher Bedeutung zu sein scheinen. Als erstes möchte ich kurz auf das Problem der Definition der Erkenntnisobjekte der Sozialwissenschaften eingehen. Zweitens werde ich Fragen erörtern, die sich durch die Instabilität in der Zeit dieser Erkenntnisobjekte als menschliche Artifakte ergeben. Drittens soll das Problem und die Bedeutung der Werturteile am Beispiel der Theorie der Wirtschaftspolitik aufgeworfen werden. Und viertens möchte ich meinen Beitrag mit der Frage abschließen, ob sich nicht ähnliche Probleme bezüglich Werturteilen für die Wissenschaftstheorie als Disziplin ergeben. Dabei werde ich von der ökonomischen als von einer allgemeinen sozialwissenschaftlichen Theorie ausgehen. Einer Theorie also, die auch auf Fragen der Politik, der Gesellschaft, des Rechts, der Biologie und der Wissenschaftstheorie angewendet werden kann. Diese Vorgehensweise dürfte ganz im Sinne von Gerard Radnitzky liegen, der wesentlich zur Verbreitung der Kenntnis der allgemeinen Anwendbarkeit ökonomischer Methoden beigetragen hat (Radnitzky und Bernholz 1987, Radnitzky 1991).

II. Probleme bei der Abgrenzung und Definition der Erkenntnisobjekte der Sozialwissenschaften

Wenn ein Biologe sich an die Aufgabe macht, ein Lebewesen zu studieren, dürften ihm bei der Abgrenzung seines Erkenntnisobjekts, z.B. eines Flußpferdes, keine größeren Probleme erwachsen. Schwieriger mag es mit der Abgrenzung eines ökologischen Systems werden, wenn er die Interdependenzen desselben untersuchen will. Und was wichtiger ist, muß der Biologe die Abgrenzung des Erkenntnisobjekts in diesem Fall nicht aufgrund der interessierenden Probleme vornehmen? Bedeutet dies aber nicht auch, daß die Definition des oder der Erkenntnisobjekte von der zur Erklärung benutzten Theorie abhängt?

Bei den Sozialwissenschaften scheint die damit angedeutete Problematik eher noch bedeutsamer und auch verbreiteter zu sein. Denken Sie an die Abgrenzung und Definition solcher Objekte unserer Erkenntnisbemühungen wie Internationales Politisches System, Staat, Konjunkturzyklus, Golddevisenstandard oder Totalitäres Regime. Was entspricht diesen Dingen in der Realität? Gibt es überhaupt einen Konjunkturzyklus? Oder definieren wir rein zufallsbedingte Schwankungen als Zyklus, weil wir durch die Brille einer von uns formulierten Konjunkturtheorie einen Zyklus zu erkennen glauben?

Oder nehmen Sie das Beispiel eines totalitären Regimes. Liegt es nicht nahe, daß wir bei der Erklärung seiner Entstehung die Existenz absoluter höchster Werte, denen sich alles unterzuordnen hat, als notwendige Bedingung anführen? Laufen wir dabei aber nicht die Gefahr, die Definition von totalitären Systemen so zu wählen, daß der Begriff die totale Unterordnung unter bestimmte Ziele bereits enthält? Wie steht es aber bei einer solchen Abhängigkeit der Definition der Erkenntnisobjekte von den Modellen, die wir zu ihrer Erklärung aufstellen, mit der Möglichkeit einer Falsifikation von Theorien?

Aber vielleicht täusche ich mich, wenn ich solche Probleme als in erster Linie für die Sozialwissenschaften typisch ansehe. Vielleicht liegen ähnliche Probleme z.B. bei der Definition oder Abgrenzung der Elementarteile der Physik vor. André Mercier fährt nach den oben zitierten Ausführungen wie folgt fort:

„Wendet man zwei verschiedene Schemata zu dieser Deutung [der natürlichen Phänomene] an, so muß man erwarten, daß die Gesetze in dem einen wie dem anderen Falle ganz verschieden sein werden. Dies sei nun durch ein Beispiel erklärt: in der klassischen Mechanik drückt sich das Phänomen der Gravitation durch das sogenannte Newtonsche Gravitationsgesetz, dagegen in der allgemeinen Relativitätstheorie durch eine Krümmung des Raumes aus" (Mercier 1941, S. 35f.).

Aber was ist dann die Gravitation, die wir zu erklären suchen? Oder suchen wir sie gar nicht zu erklären? Und können wir „für Gegenstände" Begriffe „ohne Diskussion" annehmen?

III. Zeitlich instabile Artifakte als Problem der sozialwissenschaftlichen Theorien

Bei den sozialen Gegebenheiten, die sozialwissenschaftliche Theorien zu erklären versuchen, handelt es sich überwiegend um von Menschen geschaffene Artifakte, die daher von diesen auch geändert, vernichtet und durch neue Artifakte ersetzt werden können. Die Menschen leben in einer von ihnen selbst oder ihren Vorfahren geschaffenen Umwelt von Parteien, Interessengruppen, Gewerkschaften, Unternehmungen, Kapitalmärkten, Börsen, Banken, Aktien, Geld; von Maschinen, Häusern und Städten, ja von einer von Menschen gestalteten Landschaft. Und die Sozialwissenschaften suchen Gesetzmäßigkeiten dieser Umwelt, wie des Verhaltens von Politikern, Parteien, Interessenverbänden, Konsumenten und Produzenten zu entdecken, also von Personen und Organisationen, deren Verhalten seinerseits von menschengeschaffenen Einrichtungen wie der Rechtsordnung und der Art der sie umgebenden Organisationen und Institutionen, ja von der Erziehung, der Sozialisation des Menschen abhängt.

Man kann sich diese Zusammenhänge gar nicht deutlich genug vor Augen führen, da die Menschen, wie schon Karl Marx bemerkte, immer wieder dazu neigen, ihre Umwelt als menschenunabhängige Natur, nicht aber als Artifakt, also als Kultur aufzufassen, vermutlich weil der Einzelne regelmäßig nur einen kaum wahrnehmbaren Einfluß auf die Umwelt besitzt. Wer denkt z.B. selbst als Geldtheoretiker bei Aussagen über die Geldnachfrage daran, daß diese Aussagen nur gelten, wenn in einer gegebenen Umwelt jedermann aufgrund vergangener Erfahrung daran glaubt, seine Papierscheine jederzeit wieder gegen Waren eintauschen zu können?

Zweitens ergeben sich weitreichende Folgen für die sozialwissenschaftliche Theorie. Aussagen der Sozialwissenschaften über bestehende Gesetzmäßigkeiten können ja nicht nur deshalb unzutreffend sein, weil sie logische Fehler enthalten oder für eine „adäquate" Umwelt empirisch falsifiziert wurden, sondern auch deshalb, weil sie veraltet in dem Sinne sind, daß die Menschen das Artifakt soziale Umwelt geändert haben. So führt etwa eine Anwendung der Theorie fester Wechselkurse nach Einführung eines Systems flexibler Kurse zu völlig falschen Ergebnissen mit möglicherweise katastrophalen Folgen für die diese Theorie verwendenden Praktiker oder für die Wirtschaftspolitik. Man kann also festhalten, daß das Erkenntnisobjekt der Sozialwissenschaften etwa im Gegensatz zur Physik im Zeitablauf nicht unverändert bleibt und daß dies zu bestimmten Folgen bei der Anwendung der Theorien führt.

Wenn sich die soziale Umwelt relativ rasch ändert, so kann es durchaus passieren, daß bestehende Theorien veralten, weil sie nicht rechtzeitig so ergänzt oder durch andere Ansätze ersetzt worden sind, daß sie der geänderten Umwelt Rechnung tragen können. Dieser Zusammenhang wird besonders deutlich, wenn man den folgenden Extremfall betrachtet. Würde sich die soziale Umwelt in allen ihren wesentlichen Aspekten sehr rasch ändern und würden auch gleiche wesentliche Züge nicht nach einer größeren Zeit wieder auftauchen, so wäre es offenbar nicht möglich, sozialwissenschaftliche Gesetzmäßigkeiten zu finden und zu überprüfen. Die gesellschaftliche Umwelt eines jeden Tages und eines jeden Landes wäre eine einzigartige, rasch entschwindende Erscheinung, eine historisch einmalige Gegebenheit, die bestenfalls im Rückblick durch den Geschichtswissenschaftler beschrieben werden könnte.

Soziale Gesetzmäßigkeiten lassen sich also nur finden, wenn die Umwelt für einen hinreichenden Zeitraum eine Konstanz wesentlicher Strukturelemente aufweist. Und die von der Theorie entwickelten Aussagen können nur empirisch überprüft werden, wenn im Zeitpunkt der Überprüfung diese Konstanz noch andauert. Schließlich können „veraltete" oder „irrelevant gewordene" Theorien wieder aktuell oder relevant werden, wenn früher einmal herrschende Strukturelemente der Wirklichkeit nach einer zeitlichen Unterbrechung wieder zurückkehren. Entschließt man sich beispielsweise, zu einem System fester Wechselkurse oder zu einer Goldumlaufswährung zurückzukehren, so werden die Aussagen der Theorie fester Wechselkurse bzw. der Goldumlaufswährung wieder gültig. Wird durch Abbau von Handelshemmnissen ein inländisches Monopol dem internationalen Wettbewerb ausgesetzt, so wird die Konkurrenztheorie wieder relevant.

Die vorstehenden Überlegungen lassen einige Beobachtungen verständlich werden, die sonst nur schwer zu verstehen wären. Wieso sind z.B. die bei ökonometrischen Schätzungen der Konsum- oder Geldnachfragefunktion gefundenen Werte der Koeffizienten im Zeitablauf meist nicht stabil und von Land zu Land verschieden? Und das, obwohl die Vorzeichen der Koeffizienten meist die von der Theorie postulierte Richtung aufweisen? Warum haben die Ökonomen mehr Glück mit qualitativen als mit quantitativen Aussagen? Warum genügen die in einer Generation von Praktikern gesammelten Erfahrungen oft nicht den Anforderungen der Zukunft?

Diese Fragen lassen sich nun leicht beantworten, wenn man bedenkt, daß sich die soziale Umwelt als Artifakt im Zeitablauf ändert und von Land zu Land verschieden ist. Qualitative Aussagen bleiben eher richtig als quantitative, weil die gesellschaftliche Umwelt zwar verschieden ist, aber doch nur soweit verschieden, daß zwar die Quantität der Aussagen, nicht aber die Richtung derselben betroffen wird. Andererseits nutzt die Erfahrung langer Praxis nicht mehr, wenn durch kritische Änderungen die relevanten Elemente der Vergangenheit nicht mehr gegeben sind.

Die Tatsache, daß es sich bei der sozialen Umwelt, beim Erkenntnisobjekt der Sozialwissenschaften um Artifakte handelt, hat nun jedoch unter Umständen auch positive Folgen für die Möglichkeit einer angemessenen Erkenntnis der Wirklichkeit. Denn auf diese Weise war und ist es möglich, daß die soziale Umwelt entweder durch eine spontane Entwicklung und das Überleben der geeigneteren Institutionen oder durch planmäßige Entwicklungen so gestaltet wird, daß zukünftige Entwicklungen besser vorausgesagt werden können und menschliche Erwartungen über das Verhalten anderer sicherer gemacht werden. Triviale Beispiele sind alltägliche Normen, wie dem Partner bei der Begrüßung die rechte Hand zu geben und im Straßenverkehr rechts zu fahren. Komplizierter ist bereits eine Einrichtung wie die Goldumlaufwährung, die zur Erwartung stabiler Wechselkurse zwischen den beteiligten Währungen und damit zu einem die Wechselkurse stabilisierenden Verhalten der Spekulation führt.

Wissenschaftstheoretisch gesehen führen aber gerade diese Zusammenhänge zu weiteren Problemen. So kann die soziale Umwelt umgestaltet werden, um bestimmte Theorien richtig zu machen. In einer Planwirtschaft kann z.B. versucht werden, alles spontane Verhalten und alle Innovationen besonders institutioneller Art zu verhindern, um eine „rationale" Planung zu ermöglichen und damit die Richtigkeit der Planungstheorie zu erweisen. Für die Falsifikation einer entsprechenden Theorie ergeben sich daraus offensichtlich Probleme.

Wohlbekannt sind auch die Phänomene sich selbst erfüllender oder sich selbst verhindernder Erwartungen. Sind diese Erwartungen durch Theorien hervorgerufen worden, so können sich Probleme für die Falsifikation derselben ergeben.

Die beschriebenen Zusammenhänge sind zum Teil seit längerem bekannt. Popper hat bereits in *The Poverty of Historicism* (1944-45) darauf hingewiesen, daß sich die künftige historische Entwicklung nicht voraussagen lasse, da künftige Erfindungen und Innovationen nicht vorhergesehen werden können.

Das bedeutet aber auch, daß die Erkenntnisobjekte der Sozialwissenschaften als Artifakte sich in nicht vorhersehbarer Weise ändern. Ähnliches gilt natürlich auch für die biologische Evolution. Allerdings ist das Tempo der kulturellen Evolution durchweg schneller als das der biologischen, so daß die geschilderte Problematik die Sozialwissenschaften stärker als die Biologie trifft.

IV. Bedeutung und Problematik von Werturteilen für die Theorie der Wirtschaftspolitik

Es dürfte zweckmäßig sein, die Bedeutung und Problematik von Werturteilen für die Theorie der Wirtschaftspolitik (vgl. hierzu auch Brunner 1987) mittels einer Skizze der historischen Entwicklung dieser Disziplin in den letzten sechzig Jahren darzustellen. Als erstes ist daher zu besprechen

1. Der Ansatz der zwanziger bis vierziger Jahre

Dieser wirtschaftspolitische Ansatz geht davon aus, die Auswirkungen wirtschaftspolitischer Maßnahmen auf bestimmte wirtschaftliche Größen zu untersuchen. Nennen wir die Instrumente der Wirtschaftspolitik (der Prozeßpolitik) $m = (m_1, m_2, ... m_n)$, die gesetzten Parameter der Wirtschaftsverfassung oder Wirtschaftsordnung $v = (v_1, v_2, ... v_k)$, die durch die öffentliche Hand unbeeinflußbaren Parameter $u = (u_1, u_2, ..., u_h)$ und die unbekannten Variablen, die aufgrund der Parameterkonstellation (des Datenkranzes nach Walter Eucken 1950) zu bestimmen sind $x = (x_1, x_2, ..., x_m)$ und $y = (y_1, y_2, ..., y_z)$, so läßt sich dieser Ansatz schematisch wie folgt darstellen:

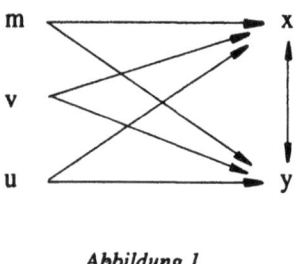

Abbildung 1

Diese Fragestellung, die in voller Reinheit von M. St. Braun (1929) präsentiert wurde, verzichtet zunächst völlig auf Bewertungen des Ergebnisses öffentlicher Maßnahmen. Sie ist Teil der Wirtschaftstheorie, die besonders in der komparativen Statik nach den Auswirkungen von Parameteränderungen fragt. Die Theorie der Wirtschaftspolitik zeichnet sich als Teil der Wirtschaftstheorie bei dieser Auffassung einzig dadurch aus, daß sie sich nur mit denjenigen Auswirkungen von Parameteränderungen beschäftigt, die Anwendungen von Instrumenten der öffentlichen Hand sind. Die glänzend geschriebene Wirtschaftspolitik von C. Bresciani-Turroni (1948) steht dem geschilderten Ansatz noch sehr nahe.

2. Die ordnungspolitische Debatte

Die geschilderte Abstinenz hat den Nachteil, daß man die Leistungsfähigkeit zweier verschiedener Wirtschaftssysteme ebensowenig vergleichen kann wie die von noch nicht bestehenden Ordnungen, die ausgedacht werden, mit schon vorhandenen Systemen oder miteinander.

Um einen solchen Vergleich durchführen zu können, braucht man Kriterien oder Vergleichsmaßstäbe. Solche Maßstäbe können z.B. das *Effizienzkriterium* oder die *Pareto-Optimalität* sein. Erstere postuliert, daß jede Situation besser als eine andere ist, wenn bei gleichem oder geringerem Aufwand an Produktionsfaktoren mehr oder gleichviel von allen Konsumgütern hergestellt werden kann. Dabei muß das „weniger" oder „mehr" für wenigstens ein Gut gelten. Das *Pareto*-Kriterium stuft eine Situation als besser als eine andere ein, wenn in ihr wenigstens ein Verbraucher (nach seiner eigenen Beurteilung) besser und kein anderer schlechter gestellt wird.

Schon recht früh ließ der liberale Ökonom L. v. Mises (1929) sich in seiner *Kritik des Interventionsstaates* von diesen Ideen leiten. Wir können diese Betrachtungsweise wie folgt symbolisieren.

Vergleich von

Marktwirtschaftlicher Ordnung   *Planwirtschaftlicher Ordnung*

Abbildung 2

Zu beweisen ist

$$\begin{pmatrix} x^m \\ y^m \end{pmatrix} \geq \begin{pmatrix} x^p \\ y^p \end{pmatrix}$$

nach dem Effizienzkriterium.

Die insbesondere durch Mises ausgelöste Debatte konnte auf zweierlei Art erfolgen. Die sozialistischen Gegner konnten entweder für ein gegebenes planwirtschaftliches System den Beweis antreten, daß

$$\begin{pmatrix} x^m \\ y^m \end{pmatrix} \leq \begin{pmatrix} x^p \\ y^p \end{pmatrix}$$

ist. Oder man konnte fragen, wie ein planwirtschaftliches System aussehen müßte, d.h. wie v^p beschaffen sein müßte, um effizienter als die Marktwirtschaft zu sein. Die Frage nach der möglichen Organisation eines effizienten planwirtschaftlichen Systems stellte als erster E. Barone (in Hayek 1935). Später wurde diese Idee von A.P. Lerner (1946) und von Oskar Lange (1938) weiterentwickelt und die vorgeschlagene Lösung ihrerseits von F.A. Hayek (1935 und 1938) kritisiert. Zu den ordnungspolitisch orientierten Ökonomen gehörten auch die Ordoliberalen wie W. Eucken (1952).

Für unsere Fragestellung ist wichtig, daß die Suche nach einer anderen, effizienteren oder **pareto**-optimalen Ordnung die Fragestellung der Theorie der Wirtschaftspolitik umkehrt. Es wird ausgegangen von dem Postulat eines effizienteren Systems, d.h. einer besseren Güterversorgung und nach v^p oder v^m, den Parametern einer „besseren" Wirtschaftsordnung gesucht. Im Schema sind jetzt v^p die zu bestimmenden Variablen des Systems, während es sich vorher um Parameter handelte.

$$\begin{matrix} m \\ \downarrow \\ v^p \leftarrow \\ \uparrow \\ u \end{matrix} \begin{pmatrix} x^p \\ y^p \end{pmatrix} \geq \begin{pmatrix} x^m \\ y^m \end{pmatrix}$$

Abbildung 3

Man beachte, daß Effizienz- und Pareto-Kriterium Werturteile, wenn auch schwache Werturteile, implizieren, die also in dieser Konzeption von Wissenschaftlern zum Vergleich von Wirtschaftsordnungen oder zu ihrer Konstruktion herangezogen werden.

3. Die Sicht der Theorie der Wirtschaftspolitik bei Tinbergen

In der ordnungspolitischen Debatte hatte sich die Fragestellung der Wirtschaftstheorie für die Ordnungsparameter in gewissem Sinne umgekehrt. Bisherige Parameter des Systems waren zu Variablen geworden, deren Größe zu bestimmen ist. Es handelt sich um die v.

Dieser Gedanke wurde in den fünfziger Jahren von J. Tinbergen (1952) verallgemeinert und explizit formuliert. Tinbergen war jedoch nur wenig an der Ordnungspolitik interessiert. Vielmehr wandte er überwiegend der Prozeßpolitik seine Aufmerksamkeit zu. Es ging ihm also um das Verhältnis von irgendwelchen vorgegebenen Zielen, x, der öffentlichen Hand, oder allgemeiner, der Träger der Wirtschaftspolitik, zu den dafür erforderlichen Maßnahmen, also um eine geeignete Bestimmung der Werte der m. Dafür reichten Effizienzkriterien und Pareto-Optimalität als Maßstäbe nicht aus. Um außerdem wissenschaftlich nicht zu fundierende Werturteile zu vermeiden, ging Tinbergen von gegebenen, d.h. dem Wissenschaftler von den Politikern vorgegebenen Zielen und quantitativen Werten derselben bzw. von einer ebenso vorgegebenen Wohlfahrts- oder Zielfunktion aus, in der die Zielvariablen als unabhängige Variablen auftreten:

$$W = f(x_1, ..., x_m).$$

Die beiden Konzeptionen der Wirtschaftspolitik lassen sich wie folgt schematisch darstellen (vgl. Abb. 4 und 5). Im Fall einer Zielfunktion

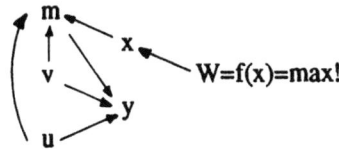

Abbildung 4

des Trägers der Wirtschaftspolitik ist diese zu maximieren und sind die Werte der x_i und letztlich die der Instrumente m_j so zu fixieren, daß ein maximaler Wert von W erreicht wird. Gesucht sind also die optimalen Werte der jetzt im Gegensatz zur Wirtschaftstheorie zu Unbekannten des Problems gewordene Instrumentvariablen.

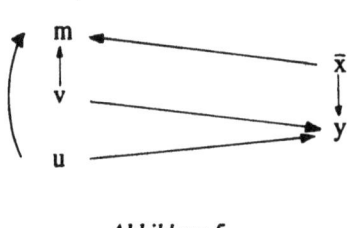

Abbildung 5

Noch deutlicher wird die Umkehr der Betrachtungsweise im Falle vorgegebener Werte der Ziele, $\bar{x} = (\bar{x}_1, \bar{x}_2, ..., \bar{x}_m)$. Diese sind nun zu Daten des Problems geworden, während die früheren Parameter m als unbekannte Variable ihrem Wert nach zu bestimmen sind. Stellt man sich die schematisierten Beziehungen zwischen den x, v, u, m und y als ein Gleichungssystem vor, so versteht man Tinbergens gefeierten Satz, daß die Zahl der Instrumente der Wirtschaftspolitik mindestens so groß wie die ihrer Ziele sein muß.

Weiter ist zu beachten, daß in beiden Fällen u and v Parameter, d.h. Konstante des Systems bleiben, letztere allerdings nur dann, wenn keine Ordnungspolitik betrieben wird. Die y_s sind wie bisher Variable, doch kann ihr Wert beliebig sein, da der Träger der Wirtschaftspolitik an ihnen nicht interessiert ist.

Welche Rolle fällt dem Nationalökonomen in dem geschilderten Konzept der Wirtschaftspolitik zu? Einmal bleibt ihm die Aufgabe, die er auch bei den bereits besprochenen Auffassungen von der Wirtschaftspolitik besaß: Er hat die Zusammenhänge zwischen den m, v, u, x und y — auch quantitativ mit Hilfe der Ökonometrie — so zuverlässig wie möglich zu erfassen, um die Voraussetzungen für eine rationale Wirtschaftspolitik zu schaffen. Während er jedoch nach der Konzeption von M. St. Braun nur aufklärend auf die Folgen bestimmter wirtschaftspolitischer Eingriffe verweisen konnte, wird er nun zum Berater der Wirtschaftspolitiker, der auf Grund von vorgegebenen Zielen oder einer vorgegebenen Zielfunktion die geeigneten oder besten Instrumente und das Ausmaß ihres Einsatzes vorzuschlagen hat.

Die Stellung der hier durch Tinbergen als repräsentativem Vertreter vorgestellten Richtung der Theorie der Wirtschaftspolitik zum Wertproblem entspricht weitgehend der von Max Weber (1951). Es ist nicht Aufgabe des Wissenschaftlers, Werturteile über wirtschaftspolitische Ziele zu fällen. Er kann das auch gar nicht nach wissenschaftlichen Kriterien. Dagegen ist er sehr wohl in der Lage, die Politiker bei gegebenem $\bar{x}$ auf Zielkonflikte zwischen den einzelnen Zielen hinzuweisen. Er kann also darauf aufmerksam machen, wenn die gewählten Werte der $\bar{x}_i$ nicht gleichzeitig verwirklicht werden können. In diesem Fall haben die Politiker ein Urteil über die Bedeutung der einzelnen Ziele und des Grades ihrer Verwirklichung zu fällen. Sie müssen sich über ihre Zielfunktion, über ihre Wohlfahrtsfunktion klar zu werden suchen. Die x_i sind also auf ein übergeordnetes Ziel, die Wohlfahrt, zurückzuführen.

Die geschilderte Wertabstinenz der Nationalökonomen ist jedoch nicht ganz so ausgeprägt, wie hier angegeben. Denn gleichzeitig beteiligen sich viele an den Diskussionen der „Welfare Economics", die gewisse Kriterien für die Wohlfahrtsfunktion zu entwickeln sucht, zu denen wieder Effizienz und Pareto-Optimalität gehören (Boulding und Mishan in Gäfgen 1966).

4. Probleme, die sich bei Tinbergens Sicht für die wirtschaftspolitische Beratung ergeben

Die Tinbergensche Konzeption der Theorie der Wirtschaftspolitik führt jedoch zu einer erheblichen Problematik für den Nationalökonomen, der als wirtschaftspolitischer Berater tätig ist. Einmal sind sich die Politiker oft nicht im Klaren über ihre Ziele, von einer Gewichtung derselben in einer Zielfunktion ganz zu schweigen. Soll dann der Nationalökonom auf nach seiner Ansicht wichtige Ziele hinweisen bzw. selbst eine Gewichtung der Ziele oder gar eine Wohlfahrtsfunktion vorschlagen? Aber damit würde er sich offenbar wieder wertend betätigen.

Zweitens kann es sein, daß die Politiker wichtige Ziele übersehen, d.h. zu wenige Komponenten in x berücksichtigen und zu viele in y belassen, weil die entsprechenden Variablen gegenwärtig gerade befriedigende Werte besitzen und daher nicht beachtet werden. Die Realisierung des vorgesehenen $\bar{x}$ würde jedoch nach Auffassung des Beraters zu kritischen Werten für einige y_j führen. Soll er dann dem Träger der Wirtschaftspolitik wertend die Einreihung der entsprechenden Variablen unter die x_i vorschlagen oder schweigend den Eintritt der befürchteten Ereignisse abwarten?

5. Die grundsätzliche Kritik durch die Neue Politische Ökonomie (Public Choice)

Die Ergebnisse der Neuen Politischen Ökonomie (Public Choice) führen zu einer grundlegenden Kritik der geschilderten Konzeption der Theorie der Wirtschaftspolitik bzw. implizieren diese Kritik. Arrows General Impossibility Theorem der frühen fünfziger Jahre (Arrow 1951) zeigt, daß eine widerspruchsfreie Wohlfahrtsfunktion in einem diktaturfreien System generell nicht existiert. Neuere Untersuchungen führen zu einer Vertiefung dieser Einsicht in dem Sinne, daß bei allen dezentralisierten Entscheidungssystemen einschließlich der Demokratie mit Mehrheitsabstimmungen widersprüchliche Ergebnisse bzw. zirkuläre soziale Präferenzordnungen auftreten können. Das bedeutet aber, daß politische Entscheidungen inkonsistent und ein Zufallsergebnis z.B. deshalb sein können, weil das Resultat der Abstimmung von ihrer Reihenfolge abhängt (Bernholz 1980).

Hinzu kommt die Erkenntnis, daß Politiker nicht nur politischen Restriktionen z.B. innerhalb ihrer Partei, durch Wahlen und Abstimmungen, bei denen sie eine Mehrheit gewinnen müssen, oder wegen der benötigten Finanzierung der Wahlen unterliegen; sondern daß sie auch persönliche Ziele verfolgen und ebenso wie die Wähler nur unvollständig informiert sind (vgl. A. Downs 1957). Die Bürokratie, die z.B. wirtschaftspolitische Maßnahmen durchführen soll, verfolgt ebenfalls eigene Interessen, was bedeutet, daß sie Anweisungen nicht unbeeinflußt und neutral ausführt (W. Niskanen 1968). Schließlich üben auch Interessenverbände durch ihre Marktmacht und ihr Quasi-Monopol für Informationen Einfluß auf die Pläne und Entscheidungen von Politikern und Bürokraten aus (Downs 1957; Bernholz 1973 und 1975, Kap. 5).

Der Public Choice Ansatz erlaubt nun die Erklärung vieler wirtschaftspolitischer Eingriffe, z.B. der fortwährenden Unterstützung der Landwirtschaft durch staatliche Maßnahmen, der Behinderung der Importe, aber nicht der Exporte, der Neigung zu undurchsichtigen Besteuerungssystemen, zu Budgetdefiziten, zu schleichender Inflation und zu stetigem Wachstum des Wohlfahrtsstaates in marktwirtschaftlichen Demokratien, die im Rahmen der alten Konzeptionen der Wirtschaftspolitik nicht erklärt werden konnten (vgl. Bernholz 1979, Kap. 5).

Woher stammt diese zusätzliche Erklärungskraft des neuen Ansatzes und wo liegt seine fundamentale Kritik an der bisherigen Auffassung der Theorie der Wirtschaftspolitik? Die zusätzliche Erklärungskraft ergibt sich offenbar aus der Einbeziehung politischer Beziehungen in eine Theorie des politisch-ökonomischen Gesamtsystems.

Für die Theorie der Wirtschaftspolitik bedeutet dies, daß Politiker eben nicht frei handeln können, um vorgeblich von ihnen im Interesse der Öffentlichkeit gehegte wirtschaftspolitische Ziele zu realisieren. Es war nach dieser Auffassung ein Fehler, von gegebenen Zielen oder Zielfunktionen der Politiker und mangelnden Restriktionen für dieselben auszugehen, um optimale Instrumentwerte zu berechnen und vorzuschlagen. Die Politiker können und wollen daher die berechneten Instrumentenwerte oft gar nicht verwirklichen.

Für das Staatsversagen sei nur ein Beispiel angeführt. Zur Konjunktursteuerung müßte der Staat im Boom eine dämpfende und in der Depression oder Rezession eine expandierende Wirtschaftspolitik betreiben, um Preisniveau und Beschäftigung zu stabilisieren. Tatsächlich wird in der Rezession oft eine zu stark expansive Politik betrieben, da bis zu den nächsten Wahlen die Preise vermutlich noch nicht stärker ansteigen werden, während schon vorher fast alle Wähler von der Expansion der Wirtschaftstätigkeit und der höheren Beschäftigung profitieren. Im Boom dagegen müßte eine restriktiv Politik wenigstens scheinbar Nachteile für viele mit sich bringen, während die Inflationsrate erst viel später abnimmt. Also wird man besonders vor Wahlen lieber noch etwas abwarten.

6. Die Wertproblematik aus der Sicht der Neuen Politischen Ökonomie

Die neue Sicht hat die Werturteilsproblematik sozusagen hinausgeschoben, aber keinesfalls beseitigt. Man versucht nun, das Verhalten der Politiker innerhalb des Systems zu erklären und damit die staatlichen Entscheidungen nicht mehr als von vorgegebenen allgemeinen Zielen resultierend aufzufassen.

Trotz der Erweiterung der Fragestellung stellen sich auch nach der neuen Auffassung im gewissen Sinn wieder die alten Probleme ein, unter denen Wertfragen zweifellos eine große Rolle spielen. Als erstes läßt sich fragen, welches denn nun in dem erweiterten System die Aktionsparameter der Wirtschaftspolitik oder allgemeiner der Politik sein können und wer Träger einer solchen Politik sein könnte. Diese Frage hängt offenbar mit dem Problem zusammen, ob und wie weit wir es mit einem geschlossenen deterministischen oder stochastischen System zu tun haben, das nicht durch eine bewußte Politik gestaltet werden kann.

Ein zweiter Fragenkreis bezieht sich auf das Problem, ob und auf welche Weise nun ein Marktversagen bei Möglichkeit von Staatsversagen korrigiert werden soll bzw. kann. Weiter ist die Frage zu beantworten, ob und wie Staatsversagen verhindert werden soll und kann.

Damit sind wir bereits bei normativen Problemen angekommen. Hier stellen sich jedoch noch weiterreichende Fragen. Angesichts des Public Choice Ansatzes und seiner Ergebnisse wird man kaum noch den folgenden, sicherlich nicht neuen Fragen ausweichen können:

1. Wessen Ziele soll die staatliche Politik verfolgen?

2. Wer soll in welchem Ausmaß zu welchen Entscheidungen berechtigt bzw. an ihnen beteiligt sein?
3. Wie kann gesichert werden, daß die Entscheidungen tatsächlich den Zielen derjenigen entsprechen, deren Ziele berücksichtigt werden sollen?
4. Wie ist im Falle von unterschiedlichen, d.h. widersprüchlichen Zielen zu entscheiden?

7. Versuch einer Beantwortung durch die Verfassungstheoretiker unter den Public Choice Ökonomen

Es ist angesichts der Kürze ihrer Entwicklung nicht erstaunlich, daß die Neue Politische Ökonomie noch kein generelles wirtschaftspolitisches Konzept entwickelt hat. Eine Ausnahme bildet nur ein neuer Verfassungsansatz, der von verschiedenen liberalen Public Choice Theoretikern entwickelt wurde bzw. wird. Mit diesem Ansatz wird also gewissermaßen das Problem der richtigen Wirtschaftsordnung neu gestellt. Da nun jedoch die Perspektive durch den politisch-ökonomischen Ansatz erweitert wurde, ist es nicht erstaunlich, daß die ordnungspolitische Diskussion nicht auf den wirtschaftspolitischen Rahmen im engeren Sinn beschränkt bleibt, sondern Aufbau, Funktionen und Kompetenzen des Staates mit in die Betrachtung einbezogen werden. Damit finden die liberalen Public Choice Theoretiker unmittelbaren Anschluß an die Verfassungsdiskussionen besonders des 17. und 18. Jahrhunderts von Hobbes über Locke, Hume, Kant, Montesquieu bis hin zu den Autoren der Federalist Papers.

Von ökonomischer Seite sind in diesem Zusammenhang vor allem die bahnbrechenden Arbeiten von Buchanan und Tullock (1962) und von Hayek (1973 ff.) zu nennen. Bei der Weite des Themas ist es jedoch nicht erstaunlich, daß auch Beziehungen zu Juristen, Philosophen usw. bestehen. Ich nenne hier nur J. Rawls (1971) und Nozick (1974). Neuere Public Choice Arbeiten liegen u.a. von J.M. Buchanan (1977), B.S. Frey (1978, 1981), Bernholz und Faber (1986) und P. Bernholz (1978 und 1979 a und b) vor.

Die Grundgedanken dieser neuen Ansätze lassen sich wie folgt zusammenfassen:

1. Staat und staatlicher Zwang sind nur so weit berechtigt, als sie der individuellen Freiheit und Wohlfahrt dienen. Es handelt sich beim Staat also nur um eine Organisation, die die Freiheit und Wohlfahrt ihrer Mitglieder zu fördern hat.
2. Soweit die Entscheidungen der Individuen nicht andere Gesellschaftsmitglieder wesentlich beeinflussen, also keine stark negativen externen Effekte oder ausgeprägt öffentliche Güter vorliegen, sind sie allein berechtigt, ihre

eigenen Angelegenheiten zu entscheiden. Entsprechendes gilt für Gruppen und Untergruppen.
3. Aus diesen Forderungen ergeben sich als Schlußfolgerungen die Subsidiarität staatlicher Institutionen, die Begrenzung der Kompetenz des Staates, ein föderalistischer Staatsaufbau, Gewaltenteilung, eine Garantie individueller Rechte und die weitgehende Koordinierung dezentralisierter Entscheidungen durch Märkte mit möglichst viel Wettbewerb. Auf staatlicher Ebene wird demokratische Mitbestimmung mit ausgedehnten Volksrechten verlangt. Alle diese Regelungen sind durch die Verfassung festzusetzen.
4. Die (willkürliche) Prozeßpolitik des Staates ist auf ein Minimum zu begrenzen. Regelsysteme wie ein verfassungsmäßig fixiertes Wachstum der Geldmenge und die Vorschrift ausgeglichener staatlicher Budgets sind ad hoc Eingriffen vorzuziehen.
5. Das Problem einer gerechten Verteilung wird gesehen. Es kann jedoch bewiesen werden, daß weder Staat noch Markt in der Lage sind, eine gerechte Verteilung herbeizuführen, was immer man auch darunter verstehen mag. Aus diesem Grunde sind Umverteilungen nur durch in der Verfassung fixierte Bestimmungen zu regeln; die Umverteilung ist den einfachen Mehrheiten von Volk und Parlament zu entziehen.

Die vorliegenden Ausführungen geben nur eine knappe Skizze einer lebhaften Diskussion mit vielen einander zum Teil widersprechenden Vorschlägen. Sie zeigen jedoch deutlich, daß beim Verfassungsansatz der liberalen Public Choice Theoretiker ganz bewußt von normativen Vorstellungen über die Gestaltung der Gesellschaft und über die Wirtschaftspolitik ausgegangen wird:
1. Freiheit und in etwas schwächerem Maße Gerechtigkeit sind grundlegende Forderungen;
2. Effizienz und *Pareto*-Optimalität werden von der älteren Theorie als Forderungen übernommen. Damit wird das Ziel einer möglichst guten Versorgung mit Gütern betont.
3. Innerer Friede und Sicherheit werden ebenfalls berücksichtigt. Eine wesentliche Aufgabe des Staates ist es, die Sicherheit von jedermann vor dem anarchischen Kampfe aller gegen alle und gegen den Despotismus selbst von Mehrheiten durch eine entsprechende Rechtsordnung zu wahren und auf diese Weise den inneren Frieden sicherzustellen.

Die mit den vorgetragenen Auffassungen verbundene Konzeption der Theorie der Wirtschaftspolitik ist, wie zu erwarten, ebenfalls mit Problemen verbunden. So stellt sich erstens die Frage, ob und wie weit zur Sicherung der Stabilität des Systems eine Prozeßpolitik benötigt wird und nach welchen Gesichtspunkten diese durchzuführen wäre. Zweitens ist das Problem zu lösen, auf welche Weise eine entsprechende Verfassung und Wirtschaftsordnung eingeführt werden könnte, gerade wenn man die von der Neuen Politischen Ökonomie herausgearbeiteten politisch-ökonomischen Zusammenhänge in Rechnung stellt.

Ich möchte diesen Abschnitt schließen mit der Vorstellung von der Rolle des Nationalökonomen in dieser Konzeption der Theorie der Wirtschaftspolitik. Seine Aufgabe muß es offenbar sein, eine Verfassung und Wirtschaftsordnung zu konzipieren, die es ermöglicht, daß die Wünsche aller Gesellschaftsmitglieder sich so weit wie möglich effizient und widerspruchsfrei durchsetzen und daß Macht und Vermögen einigermaßen gerecht unter ihnen verteilt sind. Diese Ordnung hat der Nationalökonom gegenüber Politikern und Öffentlichkeit vorzuschlagen und zu propagieren und bei ihrer Einführung mit Rat und Tat zur Verfügung zu stehen.

8. Die wissenschaftstheoretische Problematik

Es hat sich gezeigt, daß die Entwicklung der Theorie der Wirtschaftspolitik in starkem Maße auch von den von Wissenschaftlern eingenommenen Wertpositionen bestimmt wurde. Dies sicherlich nicht immer zum Nachteil der Theorie. Erst die Frage nach dem Vergleich der Leistungen von Wirtschaftssystem aufgrund bestimmter Wertpostulate rückte die systematische Analyse der verschiedenen Wirtschaftssysteme in den Mittelpunkt des Interesses und öffnete den Weg für Reformvorschläge.

Umgekehrt hat der Ansatz der Neuen Politischen Ökonomie (Public Choice) durch die Erweiterung der Untersuchungen auf politisch-ökonomische Zusammenhänge und die These, daß Politiker und Bürokraten regelmäßig nicht irgendwelche höheren Ziele des „Gemeinwohls" selbstlos verfolgen, eine bemerkenswerte Ausweitung der positiven Analyse mit entsprechenden Ergebnissen gebracht.

Gleichzeitig tauchten jedoch neue positive und normative Probleme auf. Wessen und welchen Zielen soll ein Staat dienen? Wie müssen seine Institutionen und seine Verfassung aussehen, um die Ziele möglichst aller Stimmbürger so weit wie möglich zur Entfaltung kommen zu lassen, wenn das das angestrebte Ziel ist? Wie und unter welchen Bedingungen kann eine entsprechende Verfassung erreicht werden?

Ich weiß nicht, wie weit Wissenschaftstheorie oder Ethik uns bei den normativen Fragen, die dabei auftreten, helfen können. Sind wir über die Position Max Webers (1951) hinaus vorgedrungen (vgl. Albert 1977)? Oder läßt sich über diese nicht hinauskommen?

V. Die Wissenschaftstheorie aus der Sicht der ökonomischen Analyse

Radnitzky hat in verschiedenen Arbeiten den ökonomischen Ansatz auf die Forschungsmethodologie angewendet. In seinem Aufsatz *Cost-Benefit Thinking in the Methodology of Research* (1987) zeigt er die Vorteile einer Verwendung des Kosten-Nutzen Ansatzes u.a. für die Legitimierung bestimmter methodologischer Regeln für die Auswahl unter verschiedenen konkurrierenden Theorien.

Häufig wird bei derartigen Untersuchungen davon ausgegangen, daß „scientists ... maximize discovery ..." (Ghiselin 1987). Eine solche Hypothese ist jedenfalls nützlich, wenn mit Hilfe ökonomischer Methoden untersucht werden soll, wie ein maximales oder optimales Ausmaß an wissenschaftlichen Entdeckungen erreicht werden kann.

Fragwürdig muß die Hypothese jedoch erscheinen, wenn sie als realistische Annahme über die Ziele der Wissenschaftler aufgefaßt wird. Sie erinnert dann an die etwas naive Unterstellung, daß Politiker und Bürokraten die Maximierung des „Gemeinwohls" oder der „gesellschaftlichen Wohlfahrt" anstrebten. Warum sollten Wissenschaftler nur oder auch nur in erster Linie an möglichst vielen oder wichtigen Entdeckungen interessiert sein? Jeder von uns kennt Fälle, bei denen das sicherlich nicht der Fall ist. Dieser Wissenschaftler sieht sich in erster Linie als Lehrer oder als Administrator, jener ist eher an einem angenehmen und ruhigen oder auch interessanten Leben interessiert. Ein dritter schließlich denkt in erster Linie an das Einkommen, das die wissenschaftliche Tätigkeit einbringt, wobei ersteres selbst wieder ein Mittel zum Zweck ist.

Treffen diese Bemerkungen aber zu, so ergeben sich zusätzliche Aufgaben einer ökonomischen Analyse des Wissenschaftsbetriebs. Es wird etwa zu untersuchen sein, welches bei bestimmten realistischen Annahmen über die Präferenzen der Wissenschaftler und die institutionellen Rahmenbedingungen die zu erwartenden Auswirkungen auf die wissenschaftliche Produktivität, d.h. auf Ausmaß und Bedeutung von wissenschaftlichen Entdeckungen im Verhältnis zu den aufgewendeten Ressourcen sein werden. Von dort ist es dann nur ein kleiner Schritt zum Vergleich der Leistungsfähigkeit verschiedener Formen institutioneller Systeme, in denen der Wissenschaftsbetrieb organisiert ist oder organisiert werden kann.

Man beachte die Parallelität zu der oben skizzierten Entwicklung der Fragestellungen in der Theorie der Wirtschaftspolitik. Diese Parallelität geht jedoch noch weiter. Sobald verschiedene institutionelle Systeme der Forschung bezüglich ihrer Leistungsfähigkeit verglichen worden sind, stößt man unmittelbar auf die Frage, welches derselben verwirklicht werden sollte. Dann aber stellt sich auch das normative Problem, wer bei der Beantwortung dieser Frage mitwirken sollte und wie dies geschehen sollte. Schließlich wird auch hier zu untersuchen sein, wie und unter welchen Bedingungen ein bevorzugter institutioneller Rahmen, der sozusagen die Verfassung des Wissenschaftsbetriebs darstellt, verwirklicht werden könnte.

Auch hier haben wir es offenbar nicht nur mit positiven, sondern ebenso mit grundlegenden normativen Fragen zu tun. Es würde mich daher interessieren zu erfahren, ob und wie weit uns Wissenschaftstheorie und Ethik als philosophische Disziplinen bei der Beantwortung dieser Fragen helfen können. Zwar glaube ich die Antworten Hans Alberts auf diese Fragen zu kennen (Albert 1977), aber vielleicht werden seine Vorstellungen doch nicht von allen Philosophen und Wissenschaftlern geteilt.

Literatur

Albert, Hans (1977): Kritische Vernunft und menschliche Praxis, München, insbesondere S. 65-100 (Erkenntnis und Entscheidung).
Arrow, Kenneth J. (1951): Social Choice and Individual Values, New York.
Barone, Enrico (1935): „The ministry of production in the collectivist state", in: F.A. v. Hayek (1935).
Bernholz, Peter (1955): Das Gesetz von der Mehrgiebigkeit längerer Produktionswege und die reine Kapitaltheorie, Marburger Dissertation 1955, Schötmar.
— (1973): „Die Machtkonkurrenz der Verbände im Rahmen des politischen Systems", in: Macht und ökonomisches Gesetz, Hg. H.K. Schneider und Ch. Watrin, Schriften des Vereins für Sozialpolitik, Neue Folge, Bd. 74/II, S. 859-881.
— (1972, 1975 und 1979a) Grundlagen der Politischen Ökonomie, UTB, 3 Bände, Tübingen. 2. Auflage in einem Band, Tübingen 1984, mit F. Breyer.
— (1978): „The Limits of Liberty. Between Anarchy and Leviathan. A critical appraisal", in: Pioneering Economics, Hg. T. Bagiotti und G. Franco, Padova, S. 87-107.
— (1979b): „Freedom and constitutional economic order", in: Zeitschrift für die gesamte Staatswissenschaft 135.3.
— (1980): „A general social dilemma. Profitable exchange and intransitive group preferences", in: Zeitschrift für Nationalökonomie 40, S.1-23.
Bernholz, Peter und *Malte* Faber (1986): „Überlegungen zu einer normativen ökonomischen Theorie der Rechtsvereinheitlichung", in: Rabels Zeitschrift für ausländisches und internationales Privatrecht 50.1-2, S. 35-60.
Boulding, Kenneth E. (1966): „Einführung in die Wohlfahrtsökonomie", in: Grundlagen der Wirtschaftspolitik, Hg. G. Gäfgen, Köln und Berlin, S. 77-109.
Braun, Martha St. (1929): Theorie der staatlichen Wirtschaftspolitik, Leipzig und Wien.
Bresciani-Turroni, Constantino (1948): Einführung in die Wirtschaftspolitik, Bern.
Brunner, Karl (1987): „The limits of economic policy", in: Socialism: Institutional, Philosophical and Economic Issues, Hg. Svetozar Pejovich, Dordrecht / Boston / Lancaster: Kluwer Academic Publisher, S. 33-52.

Buchanan, James M. (1975): The Limits of Liberty. Between Anarchy and Leviathan, Chicago.
Buchanan, James M. und *Tullock*, Gordon (1962): The Calculus of Consent, Ann Arbor.
Downs, Anthony (1957): An Economic Theory of Democracy, New York.
Eucken, Walter (1950): Grundlagen der Nationalökonomie, 6. Auflage, Berlin und Göttingen.
— (1952): Grundsätze der Wirtschaftspolitik, Bern und Tübingen.
Frey, Bruno S. (1978): „Eine Theorie demokratischer Wirtschaftspolitik", in: Kyklos 31.2, S. 208-234.
— (1981): Demokratische Wirtschaftspolitik, München.
Ghiselin, Michael T. (1987): „The economics of scientific discovery", in: Radnitzky, Gerard und Bernholz, Peter (1987), S. 271-282.
Hayek, Friedrich A.v. (1935): Collectivist Economic Planning, London.
— (1948): „The use of knowledge in society", in: Individualism and Economic Order, Hg. F.A.v. Hayek, Chicago und London.
— (1973ff.): Law, Legislation and Liberty, 3 Bd., Chicago und London.
Lange, Oscar und *Taylor*, Fred M. (1966): On the Economic Theory of Socialism, Hg. B.E. Lippincott, 1. Auflage, New York 1938.
Lerner, Abba P. (1946): The Economics of Control. Principles of Welfare Economics, New York.
Mercier, André (1941): Logik und Erfahrung in der exakten Naturwissenschaft, Bern.
Mises, Ludwig v. (1920): „Economic calculation in the socialist commonwealth", in: F.A.v. Hayek (1935). Zuerst deutsch in: Archiv für Sozialwissenschaften.
— (1929): Kritik des Interventionismus — Untersuchung zur Wirtschaftspolitik und Wirtschaftsideologie der Gegenwart, Jena.
Mishan, E.J. (1966): „Ein Überblick über die Wohlfahrtsökonomik 1939-1959", in: Grundlagen der Wirtschaftspolitik, Hg. G. Gäfgen, Köln und Berlin.
Niskanen, William A. (1971): Bureaucracy and Representative Government, Chicago.
Nozick, Robert (1974): Anarchy, State and Utopia, Oxford.
Popper, Karl (1944-45): „The poverty of historicism", in: Economica, N.S. 11 & 12.
Radnitzky, Gerard (1987): „Cost-benefit thinking in the methodology of research: The „Economic Approach" applied to key problems of the philosophy of science", in: Radnitzky, Gerard und Bernholz, Peter (1987), S. 283-331.
— und Peter Bernholz (Hg.) (1987): Economic Imperialism. The Economic Method Applied Outside the Field of Economics, New York: Paragon House Publishers.
— (Hg.) (1991): Universal Economics, New York: Paragon House Publishers.
Rawls, John (1971): A Theory of Justice, Cambridge, Mass.
Tinbergen, Jan (1952): On the Theory of Economic Policy, Amsterdam.
Weber, Max (1951): Die „Objektivität" sozialwissenschaftlicher und sozialpolitischer Erkenntnis, wieder abgedruckt in: Max Weber, Gesammelte Aufsätze zur Wissenschaftslehre, Tübingen, 2. Auflage.
— (1951): Der Sinn der Wertfreiheit der soziologischen und ökonomischen Wissenschaften, wieder abgedruckt in: Max Weber, Gesammelte Aufsätze zur Wissenschaftslehre, Tübingen, 2. Auflage.

Das Modell rationalen Verhaltens.
Seine Struktur und das Problem der „weichen" Anreize

Von *Karl-Dieter Opp*

In den Sozialwissenschaften gibt es keine Theorie, die allgemein oder auch nur von der Mehrheit aller Sozialwissenschaftler akzeptiert wird: jede Theorie ist einer Vielzahl von Einwänden der verschiedensten Art ausgesetzt. Dies gilt auch für eine Theorie, die im Mittelpunkt dieses Aufsatzes steht: das sogenannte Modell rationalen Verhaltens, auch „ökonomisches Verhaltensmodell" genannt. Diese Theorie ist aus folgenden Gründen für die Sozialwissenschaften von besonderer Bedeutung: 1. Es handelt sich um die einzige Theorie in den Sozialwissenschaften, die in *mehreren sozialwissenschaftlichen Disziplinen* von einer relativ großen Zahl von Wissenschaftlern angewendet wird, insbesondere in der Ökonomie, der Politischen Wissenschaft, in der Sozialpsychologie und in der Soziologie, aber auch in der Philosophie, z.B. durch Gerard Radnitzky (1987, 1988); 2. es handelt sich um eine *allgemeine* Theorie, die also eine Vielzahl unterschiedlicher sozialer Phänomene erklären kann; 3. das Modell rationalen Verhaltens ist so klar formuliert, daß es *kritisierbar* ist. Dies ist für sozialwissenschaftliche Aussagen keineswegs selbstverständlich, sondern eher die Ausnahme. Aufgrund dieser drei Eigenschaften des genannten Modells dürfte es auch für Nicht-Sozialwissenschaftler von Interesse sein, sich mit ihm zu beschäftigen.

Ich möchte mich im folgenden mit zwei Problemen befassen, mit denen Wissenschaftler konfrontiert sind, die dieses Modell anwenden. Bei der Diskussion dieser Probleme werde ich Ergebnisse der Wissenschaftstheorie des Kritischen Rationalismus anwenden.

Im folgenden wird im ersten Teil diskutiert, aus welchen Hypothesen das Modell rationalen Handelns eigentlich besteht. Dabei wird sich zeigen, daß eine Gruppe von Thesen Spezifikationen bestimmter Arten von Präferenzen und Restriktionen sind: es wird gefordert, daß die Art der zulässigen Präferenzen und Restriktionen irgendwie beschränkt werden muß, z.B. auf materielle Anreize. Im zweiten Teil dieses Aufsatzes wird eine Reihe von Argumenten diskutiert, die für eine Einschränkung des Modells rationalen Verhaltens auf bestimmte Arten von Anreizen angeführt werden. Das Ergebnis unserer Analyse wird sein, daß eine solche Einschränkung nicht sinnvoll ist.

I. Die Struktur des Modells rationalen Verhaltens

Wenn man das Modell rationalen Verhaltens (MRV) diskutieren will, setzt man voraus, daß man genau weiß, wie dieses Modell lautet. Aufgrund der weitverbreiteten Anwendung dieses Modells zur Erklärung sehr unterschiedlicher sozialer Phänomene sollte man annehmen, daß diese Frage eindeutig beantwortet werden kann. Dies ist jedoch nicht der Fall. Vergleicht man verschiedene Darstellungen des MRV, dann stellt man fest, daß sich die Aussagen, die als „MRV" bezeichnet werden, unterscheiden.[1] Ich möchte dies an einigen Beispielen illustrieren.

In dem Lehrbuch der Wirtschaftswissenschaft von Alchian und Allen (1974) werden bei der Darstellung des ökonomischen Ansatzes fünf Verhaltenspostulate („behavioral postulates") genannt (siehe S. 19-33, Übersetzung von mir):

1. Jede Person wünscht eine Vielzahl von Gütern (d.h. jede Person hat eine Vielzahl von Zielen.
2. Für jede Person sind einige Güter knapp.
3. Eine Person ist bereit, von jedem Gut etwas aufzugeben, um eine größere Menge anderer Güter zu erhalten.
4. Je mehr eine Person von einem Gut besitzt, desto geringer ist der Wert dieses Gutes für die Person.
5. Nicht alle Personen haben gleiche Präferenzstrukturen (d.h. Ziele bzw. Wünsche).[2]

Gary Becker (1976, S. 3-14), ein Ökonom, dessen Schriften intensiv diskutiert werden, beschreibt den „ökonomischen Ansatz" in folgender Weise: es wird angenommen, daß Personen ihren Nutzen maximieren und daß Märkte existieren. Hinsichtlich der Präferenzen geht Becker davon aus, daß sie sich im

---

[1] Darstellungen des MRV findet man z.B. in folgenden Schriften: Alchian und Allen 1974: Kap. 3; Becker 1976: Kap. 1; Brunner 1987; Frey 1980; Hirshleifer 1985; Kirchgässner 1980, 1988; Meckling 1976; Meyer 1981.

[2] Der englische Originaltext lautet: „(1) Each person desires a multitude of goods. (2) For each person, some goods are scarce. (3) Substitution: A person is willing to sacrifice some of any good to obtain more of other goods. (4) An individual's personal substitution valuation of any good depends upon the amount he has of that good; the more he has, the lower his personal value of the good. (5) Not all people have identical preference patterns".

Zeitablauf nicht wesentlich ändern *und* daß sie für alle Personen keine wesentlichen Unterschiede aufweisen, unabhängig davon, ob diese Personen arm oder reich sind, und unabhängig davon, in welchen Gesellschaften und Kulturen sie leben. Insbesondere durch die Marktpreise wird eine Verteilung von Gütern erreicht, die die Erreichung der Ziele der Akteure einschränken und zu einem Gleichgewicht führen. Becker faßt zusammen: „Die Kombination der Annahmen der Nutzenmaximierung, des Marktgleichgewichts und stabiler Präferenzen ... bilden den Kern des ökonomischen Ansatzes, wie ich ihn sehe."[3]

Beide Darstellungen des MRV weisen Unterschiede auf. So nehmen Alchian und Allen nicht an, daß die Präferenzen von Akteuren im Zeitablauf stabil und ähnlich sind. Bei Alchian und Allen wird auch nicht die Existenz von Märkten, die zu einem Gleichgewicht tendieren, angenommen. Bezüglich des Prinzips der Nutzenmaximierung sind die beiden Darstellungen wiederum identisch: Alchian und Allen erwähnen dieses Prinzip zwar nicht explizit in den Postulaten, aus ihrer Darstellung geht jedoch hervor, daß es den Postulaten zugrundeliegt.

Diese beiden Darstellungen des MRV illustrieren, daß sehr unterschiedliche und zum Teil widersprüchliche Aussagen als MRV bezeichnet werden. Welche dieser Aussagen soll nun ein Sozialwissenschaftler auswählen, wenn er das MRV anwenden will?

Ein wissenschaftstheoretisch informierter Sozialwissenschaftler wird bei der Beantwortung dieser Frage zunächst von dem Hauptziel wissenschaftlicher Tätigkeit ausgehen, nämlich soziale Sachverhalte zu erklären. Zu diesen Sachverhalten gehört das Handeln von Individuen. Wenn man davon ausgeht, daß individuelles Handeln erklärt werden soll, wird man als nächstes fragen, welche der Aussagen des MRV, die man in der Literatur findet, für diese Fragestellung am ehesten geeignet sind. Dies sind Aussagen, die einen relativ hohen Informationsgehalt haben. Die Frage lautet also: welche Aussagen erlauben es, in möglichst unterschiedlichen sozialen Situationen zu erklären, wie Individuen handeln. Diese Frage wird durch drei Aussagen beantwortet, die ich als die *Kernannahmen* bzw. als das *Kernmodell* des MRV bezeichnen möchte. Diese drei Kernannahmen lauten:

Die Motivationshypothese: Die Präferenzen (d.h. Ziele, Wünsche oder Motive) von Individuen sind Bedingungen für individuelles Handeln, das — aus der Sicht der Individuen — zur Realisierung ihrer Ziele beiträgt.

Die Hypothese der Handlungsbeschränkungen: Handlungsbeschränkungen, die Individuen auferlegt sind, sind Bedingungen für ihr Handeln.

---

[3] „The combined assumptions of maximizing behavior, market equilibrium, and stable preferences ... form the heart of the economic approach as I see it." (Becker 1976, S. 5)

Die Hypothese der Nutzenmaximierung: Individuen führen solche Handlungen aus, die ihre Ziele in höchstem Maße realisieren — unter Berücksichtigung der Handlungsbeschränkungen, denen sie sich gegenübersehen.

Dieses Kernmodell ist auf alle individuellen menschlichen Akteure anwendbar. Darüber hinaus erlaubt es, alle speziellen Arten von Handlungen zu erklären: der Forscher kann beliebige Handlungen oder Handlungsarten als zu erklärende Sachverhalte (Explananda) auswählen. Als erklärende Sachverhalte sind die Arten von Präferenzen und Restriktionen zu identifizieren, die aus der Sicht der Akteure für die zu erklärenden Handlungen von Bedeutung sind.

Das Kernmodell ist also eine *Theorie* im strengen Sinne: es handelt sich um All-Aussagen, die sich auf alle individuellen Akteure in allen Raum-Zeit-Gebieten beziehen.

Man kann die genannten Annahmen auch aus einem anderen Grund als „Kernannahmen" bezeichnen. Vergleicht man die verschiedenen Darstellungen des MRV in der Literatur, dann scheint es, daß sie von allen Autoren als Bestandteile des MRV betrachtet werden. Dies illustrieren auch die vorher behandelten Ausführungen von Alchian, Allen und Becker.[4]

In welcher Beziehung stehen nun die übrigen Aussagen oder Thesen, die in Darstellungen des MRV erwähnt werden, zu den beschriebenen Kernannahmen? Diese zusätzlichen Thesen sind von sehr unterschiedlicher Art. Ich möchte zwischen drei Arten von Thesen bzw. Annahmen unterscheiden.

Einen Teil dieser zusätzlichen Aussagen kann man als *heuristische Regeln zur Ermittlung von Anfangsbedingungen* explizieren. Wenn man das MRV zur Erklärung konkreter Sachverhalte anwendet, müssen die in der Anwendungssituation vorliegenden Präferenzen und Restriktionen, also die Anfangsbedingungen, erhoben werden. Die Kernannahmen besagen ja nur, *daß* Präferenzen und Restriktionen Verhalten steuern, sie geben jedoch keine Information darüber, *welche* Präferenzen und Restriktionen dies sind. Ein Problem bei konkreten Erklärungen besteht also darin herauszufinden, welche Anfangsbedingungen zu dem zu erklärenden Verhalten geführt haben.

Dies sei an einem Beispiel erläutert. Angenommen, es soll erklärt werden, warum in der Bundesrepublik seit Kriegsende das Ausmaß unkonventioneller

---

[4] Der Begriff „rational" in dem Ausdruck „Modell rationalen Verhaltens" wird in sehr unterschiedlicher Weise verwendet. So wird eine Person als rational bezeichnet, wenn sie auf Anreize (d.h. Nutzen und Kosten) reagiert. Es ist in diesem Rahmen nicht möglich und auch nicht erforderlich, die unterschiedlichen Rationalitätsbegriffe darzustellen oder zu diskutieren. Für die vorliegende Analyse sind allein die Thesen wichtig, aus denen das Modell „rationalen" Handelns besteht, was auch immer mit dem Ausdruck „rational" gemeint ist.

politischer Partizipation (z.B. Gründung von und Mitarbeit in Bürgerinitiativen, Teilnahme an Demonstrationen, Blockade von Verkehrswegen etc.) gestiegen ist. Zur Beantwortung dieser Frage mittels des MRV müssen die Anfangsbedingungen ermittelt werden: haben sich z.b. bestimmte Präferenzen der Bevölkerung geändert und, wenn ja, welche sind dies? Ist z.B. die Unzufriedenheit mit politischen Entscheidungen (also die Unzufriedenheit mit der Bereitstellung bestimmter Kollektivgüter) gestiegen? Haben sich bestimmte Restriktionen für politische Partizipation geändert und ggfs. um welche Restriktionen handelt es sich? So ist die Arbeitszeit seit dem Krieg zurückgegangen. Damit haben sich zeitliche Restriktionen vermindert. Hat dies zu einem höheren Ausmaß politischer Partizipation beigetragen?

Ein Beispiel für eine heuristische Regel zum Auffinden von Anfangsbedingungen ist das erwähnte Postulat 1 von Alchian und Allen, das besagt, daß Menschen sehr unterschiedliche Ziele haben. Man könnte dieses Postulat so verstehen: wenn man das Verhalten von Personen erklären will, dann beschränke man sich auf der Suche nach den relevanten Präferenzen nicht auf bestimmte Arten von Präferenzen wie z.B. materielle Güter. In der Erläuterung zu Postulat 1 werden dann auch eine Reihe konkreter Präferenzen (z.B. nach Prestige, Macht etc.) genannt. Ein solches Inventar von Präferenzen, die sich bisher als wirksame Anfangsbedingungen erwiesen haben, ist für die Erklärung neuer Sachverhalte von heuristischem Wert.

Eine zweite Art von Aussagen, die in der Literatur bei der Darstellung des MRV angeführt werden, kann man als *Spezifikationen* des MRV bezeichnen (Opp 1989a). Das Kernmodell ist so formuliert, daß erstens alle Arten von Präferenzen und Restriktionen für die Erklärung sozialen Handelns von Bedeutung sein können, daß zweitens bei einer Erklärung nur Präferenzen, nur Restriktionen oder beides berücksichtigt werden können, daß sich drittens die Präferenzen und Restriktionen im Zeitablauf ändern können und schließlich viertens, daß sich die Präferenzen und/oder Restriktionen bei Personen unterscheiden können.

Nicht jede dieser Implikationen wird von allen Ökonomen akzeptiert. D.h. das Kernmodell wird eingeschränkt bzw. spezifiziert, und zwar in folgender Weise: 1. Man läßt nur bestimmte Arten von Präferenzen oder Restriktionen zu, z.B. nur materielle Ziele oder lediglich egoistische Präferenzen. D.h. man nimmt an, daß Personen nur an der Erhöhung ihres eigenen Wohlergehens und nicht an der Wohlfahrt anderer interessiert sind. 2. Man postuliert, daß eine Veränderung des Verhaltens nur durch Restriktionen, also nicht durch Präferenzen erklärt werden kann. Hiervon geht z.B. Gary Becker aus, wie ich vorher gezeigt habe. 3. Es wird von der Stabilität von Präferenzen im Zeitablauf und/oder 4. von der Homogenität der Präferenzen für alle Individuen ausgegangen. Die Annahmen 3 und 4 werden z.B. von Becker getroffen. Da die Spezifikationen das MRV in der einen oder anderen Weise einschränken, handelt es sich um *Gesetzesaussagen*, die dem Kernmodell hinzugefügt werden müssen.

In der Literatur wird nicht klar zwischen heuristischen Regeln für das Auffinden von Anfangsbedingungen einerseits und Spezifikationen des MRV andererseits unterschieden. Im Prinzip könnte man natürlich z.B. ein Postulat, daß eine Veränderung des Verhaltens nur durch eine Veränderung von Restriktionen erklärt werden kann, auch als eine heuristische Regel zur Ermittlung von Anfangsbedingungen auffassen, die lautet: wenn Du eine Veränderung von Verhalten erklären willst, dann suche zunächst nach einer Veränderung von Restriktionen und nicht nach einer Veränderung von Präferenzen. Es scheint aber, daß das entsprechende Postulat, ebenso wie die beiden übrigen Postulate, eher als Spezifikationen des MRV, also als Gesetzesaussagen, zu verstehen sind.

Bei den Darstellungen des MRV läßt sich ein dritter Typ von Aussagen unterscheiden: *Annahmen zur Erhöhung des Gehalts des MRV*. Wie kann der Gehalt des MRV erhöht werden? Ich möchte dies am Beispiel der Erklärung politischer Partizipation illustrieren. Angenommen, in einem Land sinkt die Arbeitszeit — d.h. bestimmte Restriktionen für politische Partizipation haben sich vermindert; darüber hinaus steigen die erwarteten staatlichen Sanktionen für politische Partizipation, z.B. in Form schärferer Bestimmungen des Demonstrationsstrafrechts. D.h. bestimmte Restriktionen steigen. Nehmen wir der Einfachheit halber an, daß alle anderen für eine Erklärung relevanten Präferenzen und Restriktionen gleichbleiben. Welche Voraussage wird das MRV bezüglich der Zunahme der Partizipation treffen? Die Antwort lautet, daß das Modell nicht anwendbar ist, da es keine funktionalen Beziehungen spezifiziert, die besagen, in welcher Weise sich Handlungen bei einer Zunahme bestimmter Präferenzen und Restriktionen und bei einer Verminderung des Ausmaßes anderer Präferenzen und Restriktionen verändern. Es ist vielmehr nur, wie Ökonomen sagen, eine *marginale* Argumentation möglich: d.h. nur wenn sich bestimmte Präferenzen und/oder Restriktionen in der Weise ändern, daß es sich um positive (oder auch um negative) Anreize für ein bestimmtes Verhalten handelt, läßt sich eine Voraussage treffen. So ließe sich das Modell zur Voraussage politischer Partizipation z.B. dann anwenden, wenn nur die Restriktionen für Partizipation abgenommen haben.[5]

Eine Reihe von Annahmen, die sich in der Literatur finden, lassen sich nun in folgender Weise explizieren: es handelt sich um empirische Hypothesen, die

---

[5] *Ex post* läßt sich das Modell jedoch in allen Situationen zur Erklärung anwenden, *wenn* man die Gültigkeit des MRV voraussetzt. In diesem Falle können die Präferenzen und Restriktionen für ein Verhalten ermittelt werden und es läßt sich behaupten, daß diese zu einer Veränderung des Verhaltens geführt haben. In dieser Weise gehen Sozialwissenschaftler auch vor, die das MRV zur Erklärung anwenden.

den Gehalt des Modells erhöhen. Dies gilt z.B. für die oben genannte Annahme 4 von Alchian und Allen: je mehr eine Person von einem Gut besitzt, desto geringer ist der Wert dieses Gutes für die Person. Fügt man diese Aussage dem Kernmodell hinzu, lassen sich spezifischere Voraussagen treffen: man könnte z.B. voraussagen, daß diejenigen, die relativ viel Freizeit haben, eher bereit sind, etwas von dieser Zeit für politische Partizipation aufzugeben als diejenigen, die wenig Freizeit haben.

Haben solche Annahmen den Charakter von Gesetzesaussagen? Aufgrund der Ausführungen in der Literatur dürfte diese Frage zu bejahen sein. Eine solche Explikation wäre auch aus der Sicht der Wissenschaftstheorie sinnvoll: wir verfügten dann über eine Theorie im strengen Sinne, die aus dem Kernmodell und darüber hinaus aus gehaltserweiternden Gesetzen besteht. Wären gehaltserweiternde Aussagen lediglich singulärer Art, gäbe es viele Situationen, in denen allein die Kernaussagen anwendbar sind.

Ich habe unterschieden zwischen dem Kernmodell rationalen Verhaltens und drei Typen von Zusatzannahmen: heuristische Regeln zum Auffinden von Anfangsbedingungen, Spezifikationen des MRV und Annahmen zur Erhöhung des Gehalts des Kernmodells. Es fragt sich, ob diese Unterscheidungen für den Einzelwissenschaftler, der primär an der Überprüfung und Anwendung des MRV interessiert ist, von irgendeiner Bedeutung sind oder ob es sich um esoterische Unterscheidungen von Wissenschaftstheoretikern handelt. Wozu sind also die erwähnten Unterscheidungen nützlich, wenn man vorwiegend an der Anwendung des MRV interessiert ist? Die Antwort lautet: die getroffenen Unterscheidungen sind vor allem dann wichtig, wenn das MRV durch empirische Untersuchungen falsifiziert wird. Falls Aussagen des Modells falsifiziert werden, erlauben es uns die genannten Unterscheidungen zu beurteilen, wie schwerwiegend die Falsifikationen sind. Wird das Kernmodell widerlegt, dann heißt dies, daß die zentralen Aussagen des Modells falsch sind. Zeigt sich, daß heuristische Regeln zur Auffindung von Anfangsbedingungen nicht zutreffen, dann ist dies weniger schwerwiegend. Die Widerlegung von Aussagen, die den Gehalt des Modells erhöhen, ist schwerwiegender. Allgemein gesagt: man wird bei Falsifikationen irgendeiner der genannten Aussagen des MRV nicht den Fehler machen, das gesamte Modell aufzugeben oder als ungeeignet einzustufen. So wird jedoch in der Literatur oft argumentiert: wenn sich zeigt, daß bestimmte Annahmen des MRV widerlegt werden, pflegt man oft zu behaupten, „das" Modell rationalen Handelns habe sich als unbrauchbar erwiesen, selbst wenn das Kernmodell durch Falsifikationen nicht berührt wird. Solche undifferenzierten Urteile haben sicherlich viele Wissenschaftler dazu bewogen, mit anderen Erklärungsansätzen zu arbeiten.[6]

---

6 Logisch betrachtet ist selbstverständlich das gesamte Modell falsifiziert, wenn auch nur eine Aussage des Modells falsifiziert ist, da das Modell aus einer Konjunktion aller

Es wäre einer Analyse wert zu prüfen, welche Arten der genannten Annahmen des MRV durch die sogenannten Anomalien, die durch die empirische Forschung ermittelt wurden, widerlegt werden.[7] Welche Untersuchungsergebnisse widerlegen z.B. das Kernmodell? Oder welche Untersuchungen widerlegen Annahmen über relevante Anfangsbedingungen? Eine Beantwortung dieser Fragen kann nur eine detaillierte Analyse der vorliegenden empirischen Untersuchungen ergeben, die an dieser Stelle nicht vorgenommen wird.

II. „Weiche" und „harte" Rationalität

Viele Sozialwissenschaftler sind der Meinung, daß nicht alle Arten von Präferenzen und Restriktionen für die Erklärung sozialen Handelns zugelassen werden dürfen. Es werden also bestimmte *Spezifikationen* der zulässigen Anreize gefordert. So unterscheidet jüngstens Taylor (1988, S. 66-69) zwischen zwei Versionen des MRV. Eine Version, die er in Anlehnung an Jon Elster als „thin theory of rationality" bezeichnet — ich möchte im folgenden von einer „harten" Theorie der Rationalität sprechen — postuliert u.a., daß von *egoistischen Präferenzen* ausgegangen wird. Es wird also angenommen, daß Akteure keine altruistischen Präferenzen haben. In irgendeiner Weise — so Taylor — müssen die zulässigen Anreize eingeschränkt werden.

Eine solche „harte" Spezifikation schließt nicht nur altruistische Präferenzen, sondern auch *Normen* als Anreize für menschliches Handeln aus (Barry 1978, S. 31). Dies sei an einem Beispiel illustriert. Bei der Erklärung der Teilnahme an einer politischen Wahl (vgl. z.B. Downs 1957; Kirchgässner 1980; Miller 1986; Riker und Ordeshook 1973) wird davon ausgegangen, daß der Wähler bestimmte Präferenzen für die Wahlprogramme der einzelnen Parteien hat. Für einen Wähler besteht jedoch normalerweise keinerlei Anreiz, sich an einer Wahl zu beteiligen. Der Grund ist, daß die Teilnahme an Wahlen mit Kosten verbunden ist, daß jedoch der einzelne Wähler durch seine Stimmabgabe keinen Einfluß auf das Ergebnis der Wahl hat. D.h. die Wahlbeteiligung bringt dem Wähler keinerlei Nutzen. Somit ist zu erwarten, daß sich niemand an einer Wahl beteiligt.[8] Diese Voraussage trifft jedoch offensichtlich nicht zu: so be-

---

Teil-Aussagen besteht. Eine Konjunktion ist dann falsch, wenn mindestens eine ihrer Aussagen falsch ist. Trotzdem wird man für die Beurteilung und Anwendung des Modells andere Konsequenzen ziehen, wenn zentrale und wenn eher unwichtige Aussagen widerlegt werden.

[7] Vgl. hierzu z.B. Frey und Eichenberger 1989 mit weiteren Literaturhinweisen.
[8] Ich lasse hier solche Wahlen außer Betracht, bei denen mit sehr knappen Wahlergebnissen („Kopf-an-Kopf-Rennen") zu rechnen ist, bei denen also wenige Stimmen für

teiligt sich in der Bundesrepublik die überwiegende Mehrzahl der Bevölkerung an politischen Wahlen. In der Literatur spricht man von einem „Paradoxon": Eigentlich müßten „rationale" Bürger, d.h. Bürger, die ihren Nutzen maximieren, nicht an Wahlen teilnehmen. Trotzdem ist die Wahlbeteiligung im allgemeinen relativ hoch, jedenfalls weitaus höher, als man aufgrund des MRV voraussagen könnte.

Gemäß dem Kernmodell würde man nun nach anderen Anreizen für die Beteiligung an einer Wahl suchen. Welcher Art könnten diese Anreize sein? Riker und Ordeshook (1973) behaupten z.B., daß es so etwas wie eine „Ethik des Wählens" gibt: es wird von vielen Bürgern als eine Pflicht angesehen, sich an einer Wahl zu beteiligen. Wenn man eine Pflicht nicht erfüllt, dann ist dies mit einem schlechten Gewissen, d.h. mit Kosten verbunden, wohingegen die Befolgung einer Pflicht mit einem guten Gewissen und entsprechend mit Nutzen verbunden ist. Da die Kosten einer Wahlbeteiligung relativ gering sind, könnte eine weithin akzeptierte Ethik des Wählens erklären, warum sich relativ viele Bürger an Wahlen beteiligen.

Eine solche Lösung des Wahl-Paradoxons wird jedoch von vielen Sozialwissenschaftlern abgelehnt. Welches sind die Argumente, die für eine „harte" Spezifikation des MRV angeführt werden, und wie sind diese Argumente zu beurteilen? Mit dieser Frage möchte ich mich im folgenden befassen.[9]

Einige Standardargumente für ein „hartes" MRV finden sich bereits in Mancur Olsons viel diskutiertem Buch *The Logic of Collective Action* (1965). Olsons Ziel besteht darin zu erklären, unter welchen Bedingungen individuelle Akteure einen Beitrag zur Herstellung von Kollektivgütern leisten. Dies sind Güter, die, wenn sie einmal hergestellt sind, allen Mitgliedern einer Gruppe zur Verfügung stehen. Beispiele sind saubere Umwelt, innere und äußere Sicherheit und Rechte, die durchgesetzt werden. In großen Gruppen werden solche Güter normalerweise auf freiwilliger Basis nicht hergestellt, da der einzelne durch seinen Beitrag keinerlei Einfluß auf die Herstellung des Gutes hat. So kann ein einzelner Bürger, der auf Autofahren verzichtet, den Kohlendioxyd-Gehalt der Luft nicht entscheidend vermindern. Trotzdem, so Olson, leisten

---

den Wahlausgang entscheidend sind. In diesem Falle kann ein einzelner Wähler durch seine Stimmabgabe das Wahlergebnis beeinflussen.

[9] Zur Vermeidung von Mißverständnissen sei betont, daß nicht alle Sozialwissenschaftler und auch nicht alle Ökonomen eine harte Spezifikation des MRV befürworten. So schreibt L. Robbins (1935, S. 96): „So far as we are concerned, our economic subjects can be pure egoists, pure altruists, pure ascetics, pure sensualists or — what is more likely — mixed bundles of all these impulses." Anderseits ist es aber auch keine Minorität von Ökonomen und sonstigen Sozialwischenschaftlern, die eine harte Spezifikation für sinnvoll halten. Es lohnt sich somit, auf die Argumente, die für eine solche Spezifikation angeführt werden, einzugehen.

viele Bürger einen Beitrag zur Herstellung kollektiver Güter. Der Grund ist, so Olson, daß Gruppen oder Organisationen sogenannte selektive Anreize bieten. Dies sind Vorteile oder auch Nachteile (d.h. Nutzen oder Kosten), die auftreten, wenn ein Beitrag geleistet oder nicht geleistet wird. Ein Beispiel mag dies illustrieren. Der ADAC tritt u.a. für Sicherheit auf den Straßen ein. Viele Bürger sind nicht deshalb Mitglieder des ADAC, weil sie einen Beitrag zu der Herstellung des Kollektivgutes „Verkehrssicherheit" leisten wollen, sondern weil der ADAC seinen Mitgliedern selektive Anreize wie Versicherungen, eine Zeitschrift, kostenlose Ausarbeitung von Reisen etc. bietet. Diese Anreize sind selektiv in dem Sinne, daß man sie nur erhält, wenn man einen Beitrag zur Herstellung eines Kollektivgutes leistet, d.h. wenn man Mitglied des ADAC wird und entsprechend seinen Mitgliedsbeitrag zahlt.

Olson befaßt sich u.a. mit der Frage, ob Engagement für die Herstellung von Kollektivgütern nur durch „harte" Anreize erklärt werden kann oder ob weiche Anreize wie moralische Normen von Bedeutung sein könnten. Olson behauptet, daß für seine Untersuchung allein harte Anreize für die Erklärung der ihn interessierenden Sachverhalte ausreichen (Olson 1965, S. 61).

Dieses Argument wird von vielen Ökonomen auch für andere Sachverhalte verwendet. Man kann es in allgemeiner Weise so formulieren:

1. Harte Anreize können soziale Sachverhalte hinreichend gut erklären.

Dies bedeutet nicht, daß sich Personen allein durch harte Anreize leiten lassen. Weiche Anreize mögen also vorliegen. Ihre Erklärungskraft ist jedoch so gering, daß sie bei konkreten Erklärungen vernachlässigt werden können.[10]

Wie ist dieses Argument zu beurteilen? Es handelt sich hier um eine empirisch widerlegbare Behauptung. Von einem Wissenschaftler wird man erwarten, daß er für empirische Behauptungen Untersuchungsergebnisse vorlegt und nicht weitreichende theoretische Annahmen aufgrund bloßer Spekulationen oder Vermutungen a priori trifft. Aufgrund des Kanons empirischer Wissenschaften wären also in Untersuchungen zur Überprüfung von Argument 1 sowohl harte als auch möglicherweise erklärungsrelevante weiche Anreize in Betracht zu ziehen und dann deren Erklärungskraft zu prüfen. Olson erwähnt solche Untersuchungen jedoch nicht.

Man könnte hiergegen jedoch einwenden, daß es ausreicht, in einer Untersuchung festzustellen, daß harte Anreize ein Phänomen hinreichend (bzw., in statistischer Terminologie, den überwiegend größten Teil der Varianz einer Vari-

---

10 In statistischer Terminologie könnte man das Argument so präzisieren: der größte Teil der Varianz einer (abhängigen) Variablen wird durch harte Anreize erklärt. Darüber hinaus ist es nicht der Fall, daß weiche Anreize die Koeffizienten der unabhängigen Variablen, die sich auf harte Anreize beziehen, verzerren.

ablen) erklären. Gelingt dies, dann ist dies ein Indiz dafür, daß „weiche" Anreize irrelevant sind. Dieses Argument ist jedoch nicht haltbar.

Faktoren, die Ökonomen als harte Anreize bezeichnen, könnten deshalb wirken, weil sie mit weichen Anreizen korrelieren, die allein erklärungsrelevant sind. Ein Beispiel soll dies erläutern. Angenommen, man findet heraus, daß dann, wenn relativ harte staatliche Strafen für eine Handlung angedroht werden, diese Handlung relativ selten ausgeführt wird. Diese Beziehung werde in empirischen Untersuchungen bestätigt. Es wäre nun denkbar, daß soziale Normen, die in einer Gesellschaft allgemein akzeptiert werden, dazu geführt haben, daß das betreffende Verhalten mit staatlicher Strafe belegt wird und daß die Normen dazu führen, daß das mit Strafe bedrohte Verhalten nicht ausgeführt wird. D.h. nicht die Strafen, sondern die Normen sind verhaltenssteuernd. Die Beziehung zwischen Strafhöhe und gesetzeskonformem Verhalten wäre also eine Scheinkorrelation. Diese Beziehung gilt nur, weil Normen sowohl zu der Androhung hoher Strafen als auch zu normkonformem Verhalten führen. Dieses Beispiel zeigt, daß es in jedem Falle sinnvoll ist zu prüfen, ob möglicherweise weiche Anreize verhaltenssteuernd wirken.

Es gibt nun offensichtlich Bereiche, in denen harte Anreize kaum eine Rolle spielen. Dies gilt z.B. für Protestverhalten. Personen, die sich an Protesten gegen Atomkraftwerke oder gegen Umweltverschmutzung beteiligen, erhalten normalerweise keine finanziellen Anreize, keine verbilligten Zeitschriften oder Versicherungen, keine kostenlose Ausarbeitung von Reisen u.ä. Wie eine Vielzahl von empirischen Untersuchungen, die nicht von Ökonomen durchgeführt wurden, zeigen, sind insbesondere weiche Anreize für die Beteiligung an Protesten von Bedeutung.[11] So treten Proteste gegen Atomkraftwerke vor allem dann auf, wenn Personen in hohem Maße mit der Atomenergie unzufrieden sind und Protest als wirksames Mittel ansehen, die Nutzung der Atomenergie zu vermindern, wenn Personen sich in hohem Maße zu Protest verpflichtet fühlen (d.h. Protestnormen internalisiert haben) und wenn sie in Protest fördernde soziale Netzwerke integriert sind (vgl. z.B. Opp und Roehl 1990).

Das genannte Argument, weiche Anreize könnten generell oder in speziellen Untersuchungen vernachlässigt werden, ohne dies im Einzelfall empirisch zu prüfen, ist also nicht haltbar.

Ein weiteres Argument, das insbesondere von vielen Ökonomen für eine harte Spezifikation des MRV angeführt wird, lautet:

2. Da weiche Anreize nicht meßbar sind, sollte das MRV auf harte Anreize beschränkt werden.

---

[11] Vgl. z.B. Klandermans 1984; Opp 1984, 1986, 1989b; Opp und Roehl 1990; Finkel, Muller und Opp 1989.

So behauptet Olson (1965, S. 61): „... es ist nicht möglich, empirische Beweise für die Motivationen zu erhalten, die hinter den individuellen Handlungen stehen; es ist nicht möglich, definitiv zu sagen, ob ein bestimmtes Individuum in einer bestimmten Situation aus moralischen oder sonstigen Gründen gehandelt hat."[12]

Dieses Argument wirft zwei Fragen auf: 1. Ist die Behauptung Olsons zutreffend, d.h. sind weiche Anreize nicht meßbar? 2. Falls diese Behauptung zutrifft: ist die Nicht-Meßbarkeit weicher Anreize ein Argument dafür, nur harte Anreize im MRV zuzulassen?

Die Behauptung, weiche Anreize können nicht (oder nicht zuverlässig) gemessen werden, ist unzutreffend. In der empirischen Sozialforschung gibt es ein umfangreiches Instrumentarium, das seit Jahrzehnten zur Messung von Motivationen der verschiedensten Art angewendet und laufend weiterentwickelt wird. Auch eine Vielzahl von weichen Anreizen wurden bereits gemessen. Dies gilt etwa in der Sozialpsychologie, in der Varianten der Wert-Erwartungstheorien, die dem MRV sehr ähnlich sind, sowohl experimentell als auch in natürlichen Situationen überprüft wurden (vgl. etwa Ajzen 1988; Ajzen und Fishbein 1980; Bandura 1986). Es ist zwar richtig, daß nicht „definitiv" ermittelt werden kann, ob Personen bestimmte Motivationen haben. Aber „definitiv" kann in empirischen Wissenschaften bekanntlich generell nichts behauptet werden. Die Probleme der empirischen Sozialforschung sind jedoch keineswegs so schwerwiegend, daß man behaupten kann, weiche Anreize seien nicht zuverlässig meßbar.

Aber nehmen wir einmal an, weiche Anreize könnten in der Tat nicht gemessen werden. Ist dies ein Argument dafür, das Modell auf harte Anreize zu beschränken? Würde man dies fordern, dann wendet man implizit eine Regel der Art an, daß man generell Phänomene in Theorien unberücksichtigt lassen sollte, für die es gegenwärtig keine Meßverfahren gibt. Dies wäre sicherlich nicht sinnvoll, wenn man annimmt, daß diese Phänomene für die Erklärung sozialer Sachverhalte wichtig sind. In diesem Falle bedeutet ein Ausschluß dieser Phänomene, daß die betreffenden Theorien falsch sind. Wenn zu einem bestimmten Zeitpunkt bestimmte Phänomene nicht meßbar sind, dann ist es keineswegs sinnvoll, sie aus Theorien zu eliminieren. Sie sollten in Theorien belassen werden und es sollte versucht werden, entsprechende Meßinstrumente zu entwickeln. Solange solche Instrumente nicht vorliegen, sind die betreffenden Theorien nicht prüfbar.

Auch in den Naturwissenschaften hat es Theorien gegeben, die zu dem Zeitpunkt, als sie formuliert wurden, nicht geprüft werden konnten. Naturwissen-

---

[12] „... it is not possible to get empirical proof of the motivation behind any person's action; it is not possible definitely to say whether a given individual acted for moral reasons or for other reasons in some particular case."

schaftler haben jedoch daraus nicht die Konsequenz gezogen, die (noch) nicht meßbaren Phänomene aus ihren Theorien zu eliminieren, sondern sie haben versucht, die erforderlichen Meßprozeduren zu entwickeln.

Wenn weiche Anreize nicht meßbar sind, dann müßten auch harte Anreize nicht meßbar sein. Wenn z.B. Motivationen wie Altruismus nicht meßbar sind, dann ist nicht einzusehen, wieso Motivationen wie der Wunsch, ein höheres Einkommen zu erzielen, meßbar sein sollen. D.h. das Argument der Nicht-Meßbarkeit müßte lauten, daß *alle Arten* von Präferenzen nicht meßbar sind. Worin sollte der Unterschied bestehen, die Annahme zu prüfen, daß Personen ein höheres Einkommen einem niedrigen Einkommen vorziehen oder staatliche Strafen vermeiden möchten — beides harte Präferenzen, oder die Annahme zu prüfen, daß Personen sich verpflichtet fühlen zu protestieren oder daß sie intrinsisch an der Erhöhung der Wohlfahrt ihrer Kinder interessiert sind? In beiden Fällen — bei harten wie weichen Motivationen — handelt es sich um Motivationen. Für die Messung dürfte es normalerweise irrelevant sein, welcher Art die Motivation ist.

Wenn Ökonomen glauben, zwar harte, aber nicht weiche Motivationen messen zu können, dann wäre zu fragen, in welcher Weise harte Motivationen gemessen wurden. Offensichtlich glauben Ökonomen, daß sie das Vorliegen harter Anreize aufgrund bloßer Plausibilität annehmen können. Bloße Plausibilität ist jedoch kein Ersatz für wissenschaftliche Untersuchungen. Die Behauptung der Nicht-Meßbarkeit führt also zu der Konsequenz, daß generell Präferenzen nicht meßbar sind. Dies hieße aber, daß das MRV gegenwärtig nicht prüfbar ist. Aufgrund der Methoden der empirischen Sozialforschung ist diese Konsequenz jedoch unzutreffend.

Zusammenfassend zeigt sich also, daß das Argument, das MRV solle auf harte Anreize beschränkt werden, weil weiche Anreize nicht meßbar sind, unhaltbar ist.

Ich komme zu einem dritten Argument. Irgendwie, so wird gesagt, müsse die Art der zulässigen Präferenzen beschränkt werden, da das MRV sonst tautologisch wird (vgl. z.B. Barry 1978, S. 33; Fireman und Gamson 1979, S. 20f.; Taylor 1988, S. 66). Der Grund ist nach Meinung dieser und anderer Autoren, daß ohne eine Beschränkung der Anreize ad hoc beliebige Anreize als erklärende Faktoren angeführt werden können. Wenn z.B. jemand einer gemeinnützigen Organisation Geld spendet, dann könnte man sagen, er müsse wohl Altruist sein. Diese Behauptung könnte nicht getroffen werden, wenn weiche Anreize ausgeschlossen werden. Aufgrund dieser Möglichkeit, beliebige Anreize als erklärende Faktoren einzuführen, wird das MRV vor Kritik immunisiert, d.h. es ist nicht mehr falsifizierbar und, so wird behauptet, damit tautologisch. Das dritte Argument lautet also:

3. Wenn keine Einschränkung der Präferenzen erfolgt, können ad hoc beliebige Präferenzen als erklärende Faktoren eingeführt werden. Dadurch wird das Modell nicht mehr falsifizierbar und somit tautologisch.

Wie ist dieses Argument zu beurteilen? Zunächst ist zu fragen, wieso die Öffnung des MRV für weiche Anreize es gestattet, ad hoc beliebige Annahmen über Präferenzen einzuführen, während dies bei der Beschränkung auf harte Anreize nicht möglich sein soll. Dies wird oft damit begründet, daß weiche Präferenzen nicht meßbar sind, so daß die Behauptung, daß bestimmte Präferenzen erklärende Faktoren sind, nicht widerlegt werden kann. Nehmen wir wieder an, weiche Präferenzen seien nicht meßbar. Nehmen wir weiter an, das zuletzt genannte Argument, weiche Anreize erlauben die Einführung von ad hoc Annahmen, sei zutreffend. Da nun nicht nur weiche, sondern generell Präferenzen nicht meßbar sind, können auch Annahmen über das Vorliegen harter Präferenzen ad hoc eingeführt werden. Ein Beispiel soll dies erläutern: Ein Unternehmer versuche, seine Produkte auf dem Markt zu verkaufen. Da Präferenzen nicht gemessen werden können, ist auch die Annahme, er wolle Gewinn erzielen, ad hoc. Diese Annahme mag zwar plausibel sein, aber da sie nicht gemessen werden kann, ist sie ad hoc.

Das genannte Argument bringt also das gesamte MRV in Schwierigkeiten: da generell Präferenzen nicht gemessen werden können, ist das gesamte Modell, welche Einschränkungen bezüglich der zulässigen Präferenzen auch immer getroffen werden, nicht falsifizierbar und somit tautologisch.

Dieses Argument ist jedoch nicht haltbar. Nehmen wir wiederum an, Präferenzen seien nicht meßbar. Inwiefern sollte dies ein Argument dafür sein bzw. die Möglichkeit eröffnen, ad hoc Annahmen über das Vorliegen irgendwelcher Präferenzen einzuführen? Eine in empirischen Wissenschaften befolgte Regel lautet, daß Hypothesen nur dann zugelassen werden, wenn dadurch der Falsifizierbarkeitsgrad nicht herabgesetzt wird (Popper 1971, S. 51). Ad hoc Annahmen über das Vorliegen von Präferenzen sind — von der unten erwähnten Einschränkung abgesehen — solche gehaltsvermindernden Annahmen. Unabhängig davon, ob Präferenzen gemessen werden können oder nicht, sind also gehaltsvermindernde ad hoc Annahmen über das Vorliegen von Präferenzen nicht zulässig. Es mag zwar Wissenschaftler — man würde wohl sagen: schlechte Wissenschaftler — geben, die solche ad hoc Annahmen in das MRV einführen: sie nutzen sozusagen die Situation aus, daß Präferenzen nicht meßbar sind, um es sich bei Erklärungen möglichst einfach zu machen. Dies bedeutet jedoch keineswegs, daß die übrigen Wissenschaftler solche Praktiken akzeptieren müssen. Daß einige Wissenschaftler zu solchen Praktiken greifen, ist keineswegs ein Argument dafür, bestimmte theoretisch relevante Faktoren aus einer Theorie auszuschließen. Man sollte vielmehr solche Praktiken durch die im Wissenschaftsbetrieb üblichen Sanktionen ahnden.

Die These, daß wegen der Möglichkeit von ad hoc Annahmen theoretisch sinnvolle Präferenzen vernachlässigt werden, käme im Alltagsleben der Entscheidung gleich, daß man Automobile verbietet, weil die Möglichkeit besteht, mit ihnen Unfälle zu verursachen. Niemand würde auf eine solche Idee im Alltagsleben kommen.

Wenn wirklich Präferenzen nicht meßbar sind, dann bleibt nichts anderes übrig, als ungeprüfte Annahmen über Anreize, die möglicherweise erklärungsrelevant sind, einzuführen, es sei denn, man verzichtet überhaupt auf die Anwendung des MRV. Solche Annahmen dürfen aber nicht zur Immunisierung des MRV verwendet werden, sondern sind als Hypothesen bzw. Vermutungen anzusehen, die künftig überprüft werden müssen.

Selbst wenn man der Meinung ist, daß solche Annahmen gegenwärtig nicht in *strenger* Weise prüfbar sind, wenn man also das Instrumentarium der empirischen Sozialforschung nicht anwenden will, ist es doch möglich, *Hinweise* auf das Vorliegen solcher Präferenzen und/oder der entsprechenden Restriktionen zu erhalten. Man denke etwa an historische oder generell schriftliche Dokumente, in denen Akteure bestimmte Äußerungen über Motive fixiert haben. Solche Dokumente verwenden z.B. Vertreter der neuen Wirtschaftsgeschichte, die das MRV anwenden. Selbst wenn man also die Methoden der empirischen Sozialforschung aus irgendwelchen Gründen nicht anwenden will, ist es selbst beim gegenwärtigen Stand der Forschung möglich, empirische Evidenz für bestimmte Annahmen über Präferenzen zu finden.

In dem zuletzt genannten Argument 3 wird behauptet, daß ad hoc Annahmen das Modell „tautologisch" machen. Gemeint ist wohl, daß das MRV analytisch wahr wird. Dies bedeutet, daß allein eine Analyse der Aussagen des Modells ausreicht zu ermitteln, daß das Modell wahr ist. So ist der Satz „Alle Junggesellen sind unverheiratet" analytisch wahr, weil eine Analyse der in diesem Satz verwendeten Ausdrücke ergibt, daß Junggesellen definitionsgemäß unverheiratete Personen sind. Es ist unklar, wieso die Einführung von ad hoc Annahmen der genannten Art das MRV analytisch wahr macht. Allein die Möglichkeit, ad hoc Annahmen einzuführen, reicht für die Analytizität nicht aus. Die ad hoc Annahmen müssen bestimmter Art sein. Wenn z.B. generell dann, wenn eine Handlung erklärt wird, *per definitionem* die betreffende Präferenz für die Handlung als gegeben angenommen wird, ist das Modell analytisch wahr. Die Anwendung des Modells würde dann in folgender Weise erfolgen: Angenommen, ein Ökonom beobachtet, daß eine Person P für eine gemeinnützige Organisation spendet. Er behauptet, der Spender habe eine altruistische Präferenz. Ein anderer Ökonom fragt, wieso der erste Ökonom wisse, daß eine altruistische Präferenz vorliege. Der erste Ökonom antwortet: Sehen Sie denn nicht, daß P gespendet hat? Das Vorliegen einer altruistischen Präferenz wird also dann per definitionem angenommen, wenn jemand eine altruistische Handlung ausgeführt hat.

Ein weiteres Argument für den Ausschluß harter Anreize aus dem MRV, das im folgenden behandelt werden soll, lautet:

4. Eine Beschränkung auf harte Anreize erhöht die Voraussagekraft des MRV. Deshalb sollten weiche Anreize nicht zugelassen werden.

So meint Barry (1978, S. 33) in bezug auf Olsons Beschränkung auf harte Anreize, daß die Theorie dadurch eine gewisse „Schärfe" bei Voraussagen erreicht.[13]

Zunächst ist zu fragen, in welchem Sinne genau die „Voraussagekraft" des MRV erhöht wird, wenn weiche Anreize ausgeschlossen werden. Offensichtlich werden Voraussagen, Erklärungen und Überprüfungen des MRV *einfacher*, wenn eine bestimmte Klasse von Anreizen bei Erklärungen nicht berücksichtigt wird. Bezüglich des Wahl-Paradoxons braucht man z.B. die Ethik des Wählens nicht zu ermitteln, wenn man weiche Anreize als legitime Arten von Nutzen und Kosten ignoriert. Darüber hinaus dürfte auch die Modellbildung, d.h. die Ableitung von Hypothesensystemen, einfacher sein, wenn die Anzahl der zulässigen Variablen relativ gering gehalten wird. Die Modelle werden also *eleganter*. Der erste Satz des genannten Arguments trifft also zu: ein Ausschluß weicher Anreize erhöht die Voraussagekraft des MRV in dem Sinne, daß die Anwendung des MRV bei konkreten Erklärungen und die Modellbildung einfacher werden.

Ist nun dieser Sachverhalt ein brauchbares Argument für die Beschränkung auf harte Anreize? „Einfachheit" bei der Anwendung oder „Eleganz" theoretischer Aussagen werden in der Wissenschaft in der Tat als Kriterien für ihre Beurteilung angesehen. Ein anderes Kriterium zur Beurteilung von Theorien ist jedoch ihr Wahrheitsgehalt. Da der Wahrheitsgehalt des MRV sinkt, wenn weiche Anreize ausgeschlossen werden, besteht ein Zielkonflikt: man kann nicht gleichzeitig die Einfachheit bzw. die Eleganz und den Wahrheitsgehalt des MRV durch eine Beschränkung der Anreize erhöhen. Das Entscheidungsproblem besteht darin, entweder die Einfachheit bzw. Eleganz zu erhöhen und den Wahrheitsgehalt zu vermindern oder umgekehrt, Einfachheit und Eleganz für einen höheren Wahrheitsgehalt zu opfern. Da Wissenschaftler vor allem an zutreffenden Erklärungen interessiert sind, wird man die erste Alternative wählen: man wird Einfachheit und Eleganz opfern, um einen höheren Wahrheitsgehalt zu erreichen.

Wenn man die Art der in dem MRV zulässigen Anreize nicht beschränkt, so lautet ein weiteres Argument, dann gibt es überhaupt keine Variable mehr, die nicht unter das Modell fällt, genauer:

---

[13] Barry (1978, S. 33) schreibt: „It is this restriction on the 'selective incentives' to be acknowledged that gives Olson's theory some real predictive bite ..."

5. Wenn die in dem MRV zulässigen Anreize nicht beschränkt werden, dann ist das Modell nicht mehr von anderen Theorien unterscheidbar, da alle Faktoren Variablen dieses Modells sind. Dies ist negativ zu bewerten.

Der erste Teil des Arguments ist eine faktische Behauptung. Sie kann widerlegt werden, wenn man mindestens eine Variable nennt, die nicht Bestandteil des MRV ist. Es gibt eine Vielzahl solcher Variablen. Hierzu gehören z.B. die in der Soziologie häufig verwendeten demographischen Variablen wie Alter, Geschlecht, Familienstand und Religionszugehörigkeit. Es handelt sich hier weder um Präferenzen noch um Restriktionen. Ein anderes Beispiel aus der Forschung über politische Partizipation ist die Variable „politisches Interesse": wenn jemand politisch interessiert ist, dann bedeutet dies weder, daß er bestimmte Präferenzen hat noch daß er bestimmten Restriktionen unterworfen ist. Argument 5 ist also unzutreffend. Es gibt demnach eine Vielzahl von Hypothesen, die mit dem MRV unvereinbar sind.

Für Variablen, die nicht Bestandteil des MRV sind, die jedoch mit bestimmten Arten von Handlungen korrelieren, ergibt sich aus dem MRV folgende Konsequenz: sie müßten wiederum mit Anreizen (d.h. Präferenzen und/oder Restriktionen) zusammenhängen. Der Grund ist, daß das MRV behauptet, Anreize seien die Determinanten menschlichen Handelns. Wenn die Forschung z.B. gezeigt hat, daß sich Personen mit hohem politischem Interesse relativ stark politisch engagieren, dann müßte aus dem MRV folgen, daß für Personen mit relativ hohem politischen Interesse auch die Nutzen politischen Engagements relativ groß und die Kosten relativ gering sind. Die Art der relevanten Nutzen und Kosten wäre dann zu spezifizieren. Als nächstes könnte empirisch geprüft werden, inwieweit die Voraussagen des MRV zutreffen. Eine Möglichkeit der Prüfung des MRV besteht also darin, dieses mit konkurrierenden Hypothesen zu konfrontieren.[14]

Die Schlußfolgerung aus der vorangegangenen Diskussion ist, daß keine generelle Beschränkung des Modells auf irgendeine Art von Anreizen sinnvoll ist. Wird dies akzeptiert, dann ist das Modell rationalen Handelns eine generelle sozialwissenschaftliche Handlungstheorie, die in allen Arten von Situationen anwendbar ist. Damit wird das MRV auch für Sozialwissenschaften wie die Soziologie interessant, die sich mit Phänomenen befassen, die oft nicht durch „harte" Anreize erklärt werden können.

---

[14] Vgl. hierzu etwa Opp et al. 1984; Opp 1979. Hier wurden Erklärungen politischen Protests, die auf dem MRV beruhen, empirisch mit alternativen Hypothesen konfrontiert.

III. Resümee

Ich möchte abschließend die Verbindung zwischen den Fragen, die ich behandelt habe, und dem Thema dieses Symposiums — Der Kritische Rationalismus und die Wissenschaften — herstellen. Ich habe hier eine Reihe von Problemen diskutiert, die vor allem oder vielleicht nur für Einzelwissenschaftler von Interesse sind, die an der Erklärung realer Phänomene und nicht an der Lösung wissenschaftstheoretischer Fragen arbeiten. Ich habe bei der Diskussion dieser Probleme Ergebnisse der Wissenschaftstheorie des Kritischen Rationalismus angewendet. Die vorangegangenen Ausführungen haben gezeigt — so hoffe ich wenigstens —, daß die Anwendung wissenschaftstheoretischer Erkenntnisse bei der Lösung einzelwissenschaftlicher Probleme erstens zur *Klärung der Problemsituation* beiträgt. Eine Klärung der Problemsituation ist der erste notwendige, wenn auch nicht hinreichende Schritt für die Lösung der Probleme. Darüber hinaus erlaubt die Anwendung wissenschaftstheoretischer Ergebnisse die *Fragwürdigkeit vorliegender Problemlösungen* zu erkennen. Auch dadurch hat sie einen heuristischen Wert für das Auffinden von Problemlösungen: wenn man weiß, welche Struktur akzeptable Problemlösungen haben, findet man diese leichter.

Die These, daß die Anwendung wissenschaftstheoretischer Ergebnisse für die Sozialwissenschaften fruchtbar ist, wird durch eine Vielzahl vorliegender wissenschaftstheoretischer Analysen zentraler sozialwissenschaftlicher Probleme und Praktiken bestätigt. Ich denke u.a. an Analysen zu folgenden Fragen: Explikation der Thesen des methodologischen Individualismus, Struktur funktionalistischer und anderer Arten von Erklärungen, Struktur von Annahmen in ökonomischen Modellen, Explikation von Idealtypen, Struktur und Funktion von Leerformeln, Induktionsproblem, Werturteilsproblem.

Trotz des heuristischen Wertes der Wissenschaftstheorie sind ihre Ergebnisse bei den meisten Sozialwissenschaftlern unbekannt. Entsprechend finden sich bei vielen Kollegen irrige Vorstellungen der verschiedensten Art, etwa über induktives Vorgehen, über die Postulate des methodologischen Individualismus usw. Solche irrigen Vorstellungen könnten vermieden werden, wenn man sich intensiver mit Ergebnissen der Wissenschaftstheorie befaßte und diese bei der konkreten Arbeit berücksichtigte. Wäre dies der Fall, dann wäre der wissenschaftliche Fortschritt in den Sozialwissenschaften weitaus größer. Wer Ergebnisse der Wissenschaftstheorie und die Diskussionen in den Einzelwissenschaften, insbesondere in „weichen" Disziplinen wie der Soziologie, kennt, kann sich leicht vorstellen, wieviele Aufsätze und Bücher dann nicht geschrieben würden.

Literatur

Ajzen, Icek / *Fishbein*, Martin (1980): Understanding and Predicting Social Behavior, Englewood Cliffs, N.J.: Prentice Hall.

Ajzen, Icek (1988): Attitudes, Personality, and Behavior, Milton Keynes: Open University Press.

Alchian, Arman A. / *Allen*, William (1974): University Economics, Elements of Inquiry, London: Prentice Hall.

Bandura, Albert (1986): Social Foundations of Thought and Action. A Social Cognitive Theory, Englewood Cliffs, N.J.: Prentice Hall.

Barry, Brian (1978, zuerst 1970): Sociologists, Economists, and Democracy, Chicago and London: University of Chicago Press.

Becker, Gary S. (1976): The Economic Approach to Human Behavior, Chicago and London: Chicago University Press.

Brunner, Karl (1987): „The prception of man and the conception of society: Two approaches to understanding society", in: Economic Enquiry 25, S. 367-388.

Downs, Anthony (1957): An Economic Theory of Democracy, New York: Harper and Row.

Finkel, Steven S. / *Muller*, Edward N. / *Opp*, Karl-Dieter (1989): Selective Incentives and Collective Political Action, unveröffentlichtes Manuskript.

Fireman, Bruce / *Gamson*, William (1979): „Utilitarian logic in the resource mobilization perspective", in: The Dynamics of Social Movements, Hg. Zald, Mayer N. / McCarthy, John, Cambridge, Mass.: Winthrop.

Frey, Bruno S. (1980): „Ökonomie als Verhaltenswissenschaft. Ansatz, Kritik und der europäische Beitrag", in: Jahrbuch für Sozialwissenschaft 31, S. 21-35.

Frey, Bruno S. / *Eichenberger*, Reiner (1989): „Should social scientists care about choice anomalies?", in: Rationality and Society 1, S. 101-122.

Hirshleifer, Jack (1985): „The expanding domain of economics", in: American Economic Review 75, S. 53-68.

Kirchgässner, Gebhard (1980): „Können Ökonomie und Soziologie voneinander lernen?", in: Kyklos 33, S. 420-448.

— (1988): „Die neue Welt der Ökonomie", in: Analyse und Kritik 10, S. 107-137.

Klandermans, Bert (1984): „Social psychological expansions of resource mobilization theory", in: American Sociological Review 49, S. 583-600.

Meckling, William H. (1976): „Values and the choice of model of the individual in the social sciences", in: Schweizerische Zeitschrift für Volkswirtschaft und Statistik 112, S. 545-559.

Meyer, Willi (1981): „Bedürfnisse, Entscheidungen und Ökonomische Erklärungen des Verhaltens", in: Wert- und Präferenzprobleme in den Sozialwissenschaften, Hg. Tietz, Reinhard, Berlin: Duncker und Humblot, S. 131-168.

Miller, Nicholas R. (1986): „Public choice and the theory of voting: A survey", in: Annual Review of Political Science 1, S. 1-36.

Olson, Mancur (1965): The Logic of Collective Action, Cambridge, Mass.: Harvard University Press.

Opp, Karl-Dieter (1979): Individualistische Sozialwissenschaft. Arbeitsweise und Probleme individualistisch und kollektivistisch orientierter Sozialwissenschaften, Stuttgart: Enke.

— (1984): „Normen, Altruismus und politische Partizipation", in: Normengeleitetes Verhalten in den Sozialwissenschaften, Hg. Todt, Horst, Berlin: Duncker und Humblot, S. 85-113.

— (1986): „Soft incentives and collective action. Participation in the anti-nuclear movement", in: British Journal of Political Science 16, S. 87-112.

— (1989a): „Ökonomie und Soziologie. Die gemeinsamen Grundlagen beider Fachdisziplinen", in: Die Ökonomisierung der Sozialwissenschaften. Sechs Wortmeldungen, Hg. Schäfer, Hans-Bernd / Wehrt, Klaus, Frankfurt, S. 103-128.

— , mit Peter und Petra *Hartmann* (1989b): The Rationality of Political Protest. A Comparative Analysis of Rational Choice Theory, Boulder, Colorado: Westview Press.

— / *Roehl*, Wolfgang (1990): Der Tschernobyl Effekt. Eine Untersuchung über die Ursachen politischen Protests, Opladen.

— / *Burow-Auffarth*, Käte / *Hartmann*, Peter / *von Witzleben*, Thomazine / *Pöhls*, Volker / *Spitzley*, Thomas (1984): Soziale Probleme und Protestverhalten. Eine empirische Konfrontierung des Modells rationalen Verhaltens mit soziologischen Hypothesen am Beispiel von Atomkraftgegnern, Wiesbaden.

Popper, Karl R. (1971): Logik der Forschung, Tübingen.

Radnitzky, Gerard (1987): „Cost-benefit thinking in the methodology of research: The 'Economic Approach' applied to key problems of the philosophy of science", in: Economic Imperialism. The Economic Method Applied Outside the Field of Economics, Hg. Radnitzky, Gerard / Bernholz, Peter, New York: Paragon House, S. 283-334.

— (1988): „Wozu Wissenschaftstheorie? Die falsifikationistische Methodologie im Lichte des Ökonomischen Ansatzes", in: Wozu Wissenschaftsphilosophie? Positionen und Fragen zur gegenwärtigen Wissenschaftsphilosophie, Hg. Hoyningen-Huene, Paul / Hirsch, Gertrude, Berlin, S. 85-132.

Riker, William H. / *Ordeshook*, Peter C. (1973): An Introduction to Positive Political Theory, Englewood Cliffs, N.J.: Prentice Hall.

Robbins, Lionel (1935): An Essay on the Nature and Significance of Economic Science, 2. Auflage, London und New York: Macmillan/St. Martin's.

Taylor, Michael (1988): „Rationality and revolutionary collective action", in: Rationality and Revolution, Hg. Taylor, Michael, Cambridge: Cambridge University Press, S.63-97.

Der Kritische Rationalismus in der Geschichtswissenschaft

Von *Peter Munz*

Geschichten über die Vergangenheit sind ein sehr großer Bestandteil unseres Wissens. Alle Menschen wollen etwas über ihre Vergangenheit wissen: Individuen, weil ihre Erinnerungen ein wesentliches Element ihres Gefühls einer andauernden persönlichen Identität sind, und Gesellschaften als ganze, weil die Zähigkeit sozialer Verbindungen weitgehend von dem Bewußtsein einer ihnen allen gemeinsamen Vergangenheit abhängig ist. Aus diesen Gründen hat es immer sehr viel Wissen über Vergangenes gegeben. Aber auch gerade aus diesem Grunde haben die meisten Menschen kein besonders Interesse an dem wissenschaftlichen Gehalt dieses Wissens. Das ist leicht zu verstehen. Dem Verlangen nach persönlicher und gesellschaftlicher Identität durch Erinnerungen und durch über das Persönliche hinaus ausgedehnte Erinnerungen kann gut durch Anekdoten und Rhetorik, durch nostalgische Sehnsucht und Mythen genüge getan werden. Die Sehnsucht nach der Vergangenheit kann auch ohne wissenschaftlich untermauerte Wahrheiten gestillt werden. In diesem Sinn besteht ein großer Unterschied zwischen Geschichtswissen und Naturerkenntnis. Wenn wir uns an falsche Theorien über die Natur halten, dann tuen wir das auf eigene Gefahr und werden sehr bald an den Folgen leiden. Aber das Wissen um Vergangenheit hat keine praktischen Folgen. Falsche oder unwahre Geschichten befriedigen das meiste Verlangen ebenso gut wie wahre Geschichten, und es gibt viele Beispiele, die beweisen, daß falsches Wissen um die Vergangenheit sogar politisch vorteilhaft oder psychologisch wohltuend sein kann. Wenn man zugibt, daß Wissen um die Vergangenheit für psychologische, soziale und politische Zwecke verwendet werden kann, entsteht ein doppeldeutiges Verhältnis zur Wahrheit eines solchen Wissens, und sogar oft ein mangelndes Interesse an seinem Wahrheitsgehalt.

Die Konsumenten solchen Wissens sind — was auch gut ist — auf der einen Seite instinktiv skeptisch. Aber auf der anderen Seite geben sie sich leicht zufrieden in dem Glauben, daß, wenn man nur etwaige Vorurteile abstriche, alle Geschichten mehr oder weniger der Wahrheit gerecht würden. Bücher über die Vergangenheit bereiten deswegen den meisten Lesern kein großes methodologisches Kopfzerbrechen. Wenn sie überhaupt kritisch betrachtet werden, dann ersieht man, daß sie mehr nach literarischen als nach methodologischen Gesichtspunkten beurteilt werden. Wenn man dann doch in die Leser weiter eindringt, dann hört man meistens, daß es hier eben keine großen Probleme gebe, weil der Historiker ganz einfältig aufzuschreiben hat, was in der Vergangenheit vor sich gegangen ist, genau so wie ein Seismograph das Beben der Erde aufzeichnet. Aus diesem Grund gibt es längst nicht so viele Bücher über die Wissenschaftstheorie der Geschichte wie über die Philosophie, Theorie und Methodologie der Naturwissenschaften. Mit den Naturwissenschaften verglichen, erregen die Geschichtswissenschaften kein großes Aufsehen und seit jeher erläutern Philosophen Probleme des Wissens an Beispielen der Naturwissenschaften und nur selten an Beispielen der Geschichtswissenschaften.

Nur selten kommt es vor, daß Historiker zu dem Problem der wissenschaftlichen Wahrheit ihrer Geschichten Stellung nehmen müssen. So gab es eine lange Diskussion, als Ranke Hegel angriff und ihn des Schreibtischphilosophierens bezichtigte; oder als Max Weber den empirischen Gehalt von Spenglers *Untergang des Abendlandes* anzweifelte; oder als Karl Popper, in seinem Buch *Das Elend des Historizismus*, die Entwicklungsgesetze und die Prophezeiungen Karl Mannheims zurückwies. Heute müßte der Kritische Rationalismus die Behauptung von Thomas Kuhn in ähnlicher Weise zurückweisen. Gleich im ersten Satz seines berühmten Buches über wissenschaftliche Revolutionen heißt es: „Wenn man die Geschichtsschreibung für mehr als einen Hort von Anekdoten und Chronologien hält, könnte sie eine entscheidende Verwandlung im Bild der Wissenschaft, ..., bewirken." Und, wie er weiter sagt, kann sie uns im besonderen belehren, daß, entgegen früherer Meinung, Wissenschaft sich in unevolutionärer Weise, durch abrupte und revolutionäre Wechsel miteinander unvergleichbarer Paradigmen, fortsetzt. Ebenso müßte er Michel Foucaults Verkündung verwerfen, welche besagt, die Geschichte offenbare, daß alle hundert Jahre alle Lehrmeinungen über Natur, Gesellschaft und Psychologie in einer „episteme" belanglos für Meinungen in einer anderen „episteme" würden und mit ihnen noch nicht einmal verglichen werden könnten.

Der enorme Erfolg der Behauptungen von Kuhn und Foucault führt uns *in medias res*. Foucaults und Kuhns scheinbar naiver Glaube, daß die Geschichte etwas lehren oder beweisen könne, fußt, frommgläubig, auf der Annahme, daß ein ernstes Studium der Geschichte uns zuverlässiges Wissen über die Vergangenheit vermittle und daß solches Wissen bescheinige, daß ihre Behauptungen wahr seien. Mit dieser Annahme beweisen Kuhn und Foucault, daß sie sich nicht von dem strenggläubigen Positivismus entfernt haben, der in Rankes Glauben, die Durchforstung der Archive vermittle Wissen über die Vergangenheit, eingebettet war. Dieser strenge Glaube war ebenso offenbar in der scheinbar so bescheidenen Geste Fustel de Coulanges, als er sich zu seinen Zuhörern hinunterbeugte und ihnen in geheimnisvollem Flüstern mitteilte, daß es gar nicht „er" sei, der hier spräche, sondern „die Geschichte" selbst. Wenn Leute heutzutage gerne Rankes berühmten Ausspruch zitieren, Historiker sollten erforschen, „wie es eigentlich gewesen", und glauben, daß der wissenschaftliche Charakter der Geschichte gleichzusetzen ist mit dem Erfolg, mit dem der Historiker erzählen kann, „wie es eigentlich gewesen", so betonen sie gewöhnlich das Wort „eigentlich" und vergessen dabei die Tatsache, daß, wenn man statt dessen das Wörtchen „es" betont, Rankes berühmter Ausspruch unsinnig wird. Denn es gibt kein „es" in dem Sinn, daß es noch etwas anderes gibt als das, was der Historiker erzählt oder in den Quellen verzeichnet ist. Man könnte auch sagen, daß der wissenschaftliche Charakter der Geschichte in nichts anderem besteht als in der Fähigkeit, das von der Vergangenheit zu erzählen, was mit dem, was andere darüber geschrieben haben und in den Quellen steht, übereinstimmt. Kritisch betrachtet, wenn Kuhn und Foucault uns einladen zu glauben, daß sie ihre Theorie der Theoriendynamik aus dem Studium der Geschichte geschöpft hätten, dann laden sie uns also nicht ein, dieses „es" zu betrachten, wie es vermeintlich in-sich-selbst dasteht und wie es „eigentlich" geschehen ist, sondern dazu, die Bücher, die andere Historiker über die Vergangenheit geschrieben haben, als Beweise hinzunehmen.

Diese und viele ähnliche Anschauungen, die alle darauf hinauslaufen, die einfältigsten positivistischen Annahmen zu erhärten, fußen alle auf dem falschen Glauben, daß das, was wir die Geschichte nennen, einfach nichts anderes sei als die Ereignisse der Vergangenheit, verwebt mit Zeit. Diesem Glauben nach besteht die Vergangenheit aus einer großen Anzahl von Einzelereignissen, die so eng zusammen liegen, daß sie lückenlos zu einer Linie, die mit der Zeitablauflinie identisch ist, zusammengeflochten werden können. Wenn wir die Vergangenheit erkennen wollen, brauchen wir demzufolge nichts anderes zu tun, als diese Einzelereignisse in ihrem zeitlichen Ablauf zu betrachten und unsere Betrachtung aufzuschreiben. Der wissenschaftliche Charakter solcher Geschichten besteht eben einfach darin, daß sie nichts weiter enthalten als Einzelereignisse und daß diese Einzelereignisse zeitlich so nah wie möglich zusammenliegen. Das Ideal wäre dann, überhaupt keine Lücken zu lassen. Die einzige Schwierigkeit, die bleibt, ist, daß diese Ereignisse alle in der Vergangenheit liegen und deshalb nicht so leicht zu inspizieren sind wie Atome und Elektronen.

Am Anfang unseres Jahrhunderts war diese Ansicht so weit verbreitet, daß es keine Übertreibung wäre, von ihr als der rezipierten Ansicht der historischen Methode zu reden und sie der sogenannten „Received View of Scientific Method" gleichzusetzen. Selbst philosophische Idealisten und Neukantianer wie Rickert und Windelband hielten daran fest, daß das besondere Merkmal der Geschichtswissenschaft und die Wissenschaftlichkeit des Geschichtswissens in der Tatsache bestehe, daß solches Wissen nichts anderes als Einzelereignisse enthält, die zusammengereiht sind, weil sie zeitlich aufeinander folgen. Diese Art der Geschichtswissenschaft wurde als „idiographisch" bezeichnet, weil man sie so von den Naturwissenschaften, die „nomothetisch" waren, unterscheiden konnte. Die Wissenschaftlichkeit der Geschichte bestand also aus zwei Elementen. Erstens — und das braucht kaum erwähnt zu werden — war das Einreihen von falschen Tatsachen zu vermeiden. Zweitens — und das war der springende Punkt — durfte eine Geschichte keine Verallgemeinerungen oder gesetzartigen Aussagen enthalten. In der Tat, da das erste Element selbstverständlich ist, kam es darauf hinaus, daß die Wissenschaftlichkeit der Geschichte allein darin bestand, daß es bei ihr keine Verallgemeinerungen, Gesetze oder gesetzähnliche Aussagen gab.

Die weite Verbreitung dieser Ansicht brachte es im 19. Jahrhundert mit sich, daß die Pariser Ecole des Chartes zum Hüter der Geschichtswissenschaft avancierte. Dort wurde der strikteste Positivismus angewandt, weil man glaubte, daß eine genaue Aufzählung aller Einzeltatsachen und ihre chronologische Zusammenreihung automatisch das Bild der Vergangenheit entstehen ließe. Zwischen den beiden Weltkriegen behauptete der englische Historiker Frank Stenton, daß die Wissenschaftlichkeit der Geschichte allein von der Fähigkeit des Historikers, Quellen zu edieren, abhänge. Und nach dem zweiten Weltkrieg behauptete, wieder in England, Geoffrey Elton, indem er chronologische mit kausalen Zusammenhängen verwechselte, daß eine einfache Vermehrung und Anhäufung von Einzeltatsachen zu einem besserem Verständnis ihrer kausalen Zusammenhänge führe: Je mehr Tatsachen man weiß, desto besser wird man sie verstehen; denn je enger Tatsachen zusammenliegen, desto mehr erklären sie einander. Gemäß all diesen Ansichten ist Unwissenheit mit der Zahl der Lücken in der Zeitlinie gleichzusetzen. Unwissenschaftlichkeit besteht, wenn es zu viele Lücken gibt oder wenn die Lücken mit Tatsachen gefüllt werden, die nie vorgekommen sind. Michael Oakeshott hat das treffend bezeichnet, als er noch vor zwei Jahrzehnten schrieb, daß das Dunkel, in das die Vergangenheit gehüllt ist, gelichtet wird, wenn Historiker sich sachte von einer Tatsache zur nächsten, wie an einem Seil, vortasten.

Diese Ansicht über die Vergangenheit ist falsch, und die positivistische Methodologie, die ihr angepaßt ist, führt zu nichts und am wenigsten zu einer rationalen Darstellung der Vergangenheit. Die Schwierigkeit besteht nicht darin, daß die Vergangenheit vergangen ist und daß wir sie deshalb nicht mehr einfach anschauen können. Die Schwierigkeit besteht vielmehr darin, daß wir uns die Vergangenheit erst anschauen können, wenn wir sie konstruiert und hergestellt haben. Wenn sie erst einmal konstruiert worden ist, kann sie auch angeschaut werden. Aber die Denker und Historiker, die sich an solchen Anschauungen — allgemein als Geschichtsphilosophien bekannt — versucht haben, sind nie auf ihre Kosten gekommen. Denn bei solchen Anschauungen gibt es einen Zirkelschluß: Wenn man das, was konstruiert worden ist, anschaut, sieht man eben nicht viel anderes als die Gesetze und Verallgmeinerungen, die verwendet worden sind, um die Konstruktion zustande zu bringen. Man erkennt, was man hineingelegt hat; also das, was man schon vor der Anschauung wußte. Dies ist nicht der Ort, diese Schwäche aller Geschichtsphilosophie zu untersuchen. Es geht hier mehr darum zu zeigen, was mit Konstruktion der Vergangenheit gemeint ist, warum Konstruktion notwendig ist und warum Konstruktion, weit davon entfernt, die Geschichtswissenschaft in das Reich der Fantasie und des Mythos zu bannen, gerade der Faktor ist, der unser Geschichtswissen wissenschaftlich und rational macht und es uns ermöglicht, von einem objektiven Geschichtswissen zu sprechen.

Die Vergangenheit besteht nämlich nicht aus der Summe aller Einzeltatsachen. Jedes einzelne Ereignis, von dem wir festgestellt haben, daß es sich in der Tat ereignet hat — oder, um mit Wittgenstein zu sprechen, welches der Fall gewesen ist —, kann unendlich oft geteilt werden. Laßt uns ein Gedankenexperiment versuchen. Es ist eine Tatsache, daß der erste Weltkrieg im Jahr 1914 angefangen hat. Aber wir wissen das nur, weil diese Tatsache sorgfältig aus hunderten kleineren Tatsachen zusammengestellt worden ist. Es sind Tatsachen, daß Soldaten marschierten, daß Kriegserklärungen erlassen wurden, daß patriotische Gefühle hervortraten, u.s.w. Die Zusammensetzung aller dieser und vieler anderer Tatsachen führt dann zu der größeren Tatsache, daß der Krieg ausbrach. Und wenn man dann noch irgendeine dieser kleineren Tatsachen ins Auge nimmt, wie z.B. eine Kriegserklärung, dann sieht man leicht, daß auch diese wieder in kleinere Untertatsachen geteilt werden kann. Da gibt es das Kratzen einer Feder auf dem Papier. Und jedes Kratzen kann weiter in Untertatsachen geteilt werden. Welche Tatsache oder welches Ereignis wir nur immer betrachten, es stellt sich sofort heraus, daß es eine zusammengestellte Tatsache war. Wie werden solche Zusammenstellungen zustande gebracht?

Jede nur erdenkliche Zusammenstellung basiert auf einer Verallgemeinerung. Die beiden Tatsachen, daß Tinte floß und daß Tinte ein Zeichen auf dem Papier hinterließ, können mit Hilfe der Verallgemeinerung, daß die von einer Feder fließende Tinte, wenn die Feder das Papier berührt, ein Zeichen auf dem Papier hinterläßt, zu einer einzigen Tatsache zusammengeschlossen werden. Das Zeichen auf dem Papier und die Reaktion des Empfängers des Stücks Papier kann dann weiter, wieder mit Hilfe einer Verallgemeinerung über Kriegserklärungen und Diplomatie, zu einer größeren Tatsache zusammengestellt werden.

Sobald man erkennt, daß jede Tatsache unendliche Male in Untertatsachen geteilt werden kann und daß jede Tatsache, die wir als solche anerkennen, eine Zusammenstellung von Untertatsachen ist und daß deshalb die Begriffe „Tatsache" und „Untertatsache" rein relativ sind, ist es mit der sogenannten rezipierten Ansicht der historischen Methode aus. Denn nach dieser Ansicht besteht der wissenschaftliche Zug der Geschichtswissenschaft in nichts anderem als der Feststellung von harten Tatsachen und der Vermeidung von Verallgemeinerungen. Wir stellen, ganz im Gegenteil, fest, daß das wirkliche Wesen der Geschichtswissenschaft von diesen Verallgemeinerungen, mit deren

Hilfe wir Tatsachen zusammenstellen, bestimmt ist. Wenn die Erforschung der Vergangenheit Anspruch auf Wissenschaftlichkeit erheben will, dann hängt diese Wissenschaftlichkeit von der Wahl der benutzten Verallgemeinerungen ab.

Um der Klarheit willen möchte ich kurz zeigen, wie diese Verallgemeinerungen verarbeitet werden und warum sie unumgänglich sind. Da jede mögliche Tatsache unendlich viele Male zerteilt werden kann, kann man sich nicht vorstellen, daß eine Einzeltatsache mit einer anderen Einzeltatsache einfach durch zeitliche Nähe verbunden ist. Die einzig mögliche Verbindung zwischen zwei Tatsachen ist eine Verbindung mit Hilfe einer Verallgemeinerung oder eines Gesetzes. Da Historiker und Sozialwissenschaftler sich mit Arten von Tatsachen beschäftigen, die nicht immer so ganz exakt und oft auf einen bestimmten Kulturraum beschränkt sind, ziehen wir den Ausdruck „Verallgemeinerungen" dem Ausdruck „Gesetz" vor, obwohl er logisch komplizierter ist. Da die Wirklichkeit, mit der wir uns hier befassen, in Kulturabschnitte zerteilt ist, ist es sicher, daß alle in Frage kommenden Gesetze beinahe immer nur eine begrenzte Gültigkeit haben. Jede Tatsache kann eine Randbedingung sein. Wenn wir dann an eine Verallgemeinerung dazu denken, können wir eine Prognose, d.h. eine andere Tatsache, von der Randbedingung deduzieren. Durch die Verallgemeinerung wird die Randbedingung zu einem *explanans* und die Prognose zu einem *explanandum*. Auf diese Weise entsteht ein kausaler Zusammenhang zwischen Randbedingung und Prognose. Die Randbedingung wird zur Ursache und die Prognose zum Effekt. Für den Historiker ist es dann besonders wichtig zu ersehen, daß auf diese Weise die Randbedingung und die Prognose zu einer einzigen „größeren" Tatsache zusammengefaßt werden können. Diese „größere" Tatsache kann dann wieder mit Hilfe einer neuen Verallgemeinerung zu einer Randbedingung oder einer Prognose, einem *explanans* oder einem *explanandum* werden; also eine Untertatsache einer noch „größeren" Tatsache. Die kleinste Einheit der historischen Forschung ist deshalb je eine Verbindung zweier Tatsachen mit Hilfe einer Verallgemeinerung. Eine solche Einheit ist deshalb nicht nur eine Erklärung, sondern auch eine Mini-Erzählung, die uns von einer Tatsache (Randbedingung) zur nächsten Tatsache (Prognose) führt. Das wird besonders offenbar, wenn die verwendete Verallgemeinerung stillschweigend vorausgesetzt wird und nicht ausdrücklich erwähnt wird.

Es ist überflüssig zu erwähnen, daß, da die hier in Frage kommenden Tatsachen alle der Vergangenheit angehören, die Prognose keine eigentliche Voraussage ist, sondern nur relativ zur Randbedingung, die ihr vorausgegangen sein muß, als Prognose bezeichnet wird. Wenn man die Verallgemeinerung wechselt, zerfällt die Verbindung und der kausale Zusammenhang, und die Mini-Erzählung wird zunichte. Die logische Struktur dieser Verhältnisse ist zuerst von Karl Popper in den frühen dreißiger Jahren und dann etwas später von Carl Hempel beschrieben worden. Dieses Erklärungsmodell ist deshalb als Popper-

Hempel Modell bekannt und seine Erklärungsart wird oft zu Unrecht „Hempelsche Erkärung" genannt. Seit den fünfziger Jahren wird es allgemein als CLM (Covering Law Model) bezeichnet.

Da alle Tatsachen aus kleineren Tatsachen mit Hilfe von Verallgemeinerungen zusammenkonstruiert sind, ist allen Tatsachen eine Art Verständlichkeit eigen. Da wir von der Verallgemeinerung, daß Tinte ein Zeichen auf Papier hinterläßt, wissen, wird die Tatsache, daß auf dem Papier ein Tintenzeichen steht, verständlich. Ebenso macht z.B. die Verallgemeinerung, daß nach Übersendung einer Kriegserklärung zwischen Absender und Empfänger ein Kriegszustand besteht, den Ausbruch eine Krieges verständlich. Diese Verständlichkeit ist davon abzuleiten, daß jede Tatsache eigentlich eine Konstruktion aus kleineren Tatsachen ist und daß die Konstruktion mit Hilfe von Verallgemeinerungen zustande gebracht werden. Man muß aber auf eine Voraussetzung achten. Die in Frage kommende Verallgemeinerung muß wahr sein oder muß wenigstens für wahr gehalten werden. Nehmen wir einmal an, daß eine falsche Verallgemeinerung benutzt wird — wie z.B. die Verallgemeinerung, daß wenn Tinte aus einer Feder fließt, die Person, welche die Feder in der Hand hält, zu levitieren anfängt. Da eine solche Levitation nie festgestellt worden ist, kann eine solche Verallgemeinerung keine Zusammenfassung von Tatsachen zustande bringen. Zweitens müssen wir uns klar machen, daß ohne Verallgemeinerung keine Konstruktion möglich ist. Nehmen wir einmal an, daß Tatsachen einfach zusammengeworfen werden wie in einem Ramschverkauf. In diesem Fall würden zwei Tatsachen nie miteinander verbunden werden können, weil es da eben keinen logischen Leim gibt. In solch einem Ramschverkauf könnte einer z.B. behaupten, daß ein Veilchen, das in Argentinien im August 1914 geblüht hat, die Ursache des Französischen Patriotismus war. Diese Überlegungen zeigen, daß zwischen Verständlichkeit und Konstruktion ein ganz intimer Zusammenhang besteht. Das kommt daher, weil die Verallgemeinerung nur etwas leisten kann, wenn sie *Erklärungswert* hat. Dieser Erklärungswert hängt aber davon ab, ob die Verallgemeinerung als wahr hingenommen wird. Damit stoßen wir auf ein großes Problem: Es gibt nämlich viele Verallgemeinerungen, die von manchen Menschen als wahr und von anderen als falsch bezeichnet werden. In solchen Fällen würde die mit Hilfe der Verallgemeinerung angefertigte Konstruktion einer Tatsache von einigen Menschen als „verständlich", von anderen aber als „unverständlich" bezeichnet werden.

Damit ist angedeutet, daß, indem wir unsere Aufmerksamkeit von Einzeltatsachen abwenden und sie den Verallgemeinerungen zuwenden, wir Probleme der Subjektivität und des Relativismus in der Geschichtswissenschaft heraufbeschwören. Die rezipierte Ansicht bräuchte sich nicht mit solchen Fragen abzugeben, denn ihr zufolge waren die Tatsachen fertig da und brauchten nur aufgespürt zu werden. Das Geschichtswissen kam dann automatisch durch solche Aufspürung zustande und war „objektiv" wahr, weil man eben nichts weiter als aufgespürte Einzeltatsachen verwendete. Sobald wir aber zugeben, daß alle Tatsachen Konstruktionen sind, sehen wir, daß die kritische Rolle, welche die Verallgemeinerungen bei diesen Konstruktionen spielt, zeigt, daß es uns immer frei steht, unsere Verallgemeinerungen zu wählen und glaubhafte den weniger glaubhaften vorzuziehen. Wir sehen dann auch ein, daß bei solchen Wahlen psychologische Zufälle, kulturgebundene Vorurteile oder politische Not oder alle möglichen anderen Zustände mitspielen können. Eine Entscheidung für oder gegen eine Verallgemeinerung fällt nicht immer so leicht, wie die in dem Fall der Tinte, die angeblich zur Levitation führt. In allen wirklich vorkommenden Fällen gibt es eher Grade der Plausibilität. Diese Grade werden zu einem wichtigen Problem in der Geschichtswissenschaft, denn dort handelt sich ja meistens um Gesellschaften und Kulturen, die durch den Zeitabstand von uns sehr verschieden sind und deshalb ganz anderen Normen der Glaubwürdigkeit huldigen. In erster Sicht scheint es beinahe, als ob wir, indem wir unsere Aufmerksamkeit von Einzeltatsachen ablenken und sie auf Verallgemeinerungen richten, uns dem Relativismus und der Subjektivität verschrieben.

Wir kommen auf diese Weise zu einer ganz praktischen Problemstellung, die ich an einem Beispiel aus der Geschichte veranschaulichen will. Im 11. Jahrhundert genoß Heinrich II., der Enkel Heinrichs des Voglers, großes Ansehen und hatte viel Macht in Deutschland als Erneuerer des Königreichs der Franken (*renovator regni Francorum*). Er war fromm und tugendhaft und wurde schon 1146 heilig gesprochen. Ein Zeitgenosse, ein sächsischer Chronist, erklärte Heinrichs Erfolge in Kirche und Staat durch die Tatsache, daß er viele Reliquien besaß. Wir dürfen annehmen, daß für die meisten Menschen des 11. Jahrhunderts diese Erklärung zufriedestellend war und Heinrichs Aufstieg verständlich machte. Die Verallgemeinerung, die Heinrichs Macht mit seinem Besitz von Reliquien verband, wurde für wahr gehalten. Einem modernen Historiker ist diese Verallgemeinerung kaum glaubhaft. Ganz im Gegenteil: ein heutiger Historiker würde eine Verallgemeinerung über Macht und wirtschaftlichen Reichtum vorziehen. Nun hatte Heinrich II. in der Tat großen Landbesitz. Deshalb könnte eine dem modernen Historiker genehme Verallgemeinerung über die Verbindung zwischen Macht und Landbesitz zur Konstruktion der Tatsache, daß Heinrich große Macht und großes Ansehen genoß, ergeben. Aber gerade diese Tatsache wäre Heinrichs Zeitgenossen unverständlich gewesen, und sie hätten vorgezogen zu glauben, daß sein Besitz von Reliquien der Grund seiner Macht war. Wohlgemerkt — es gibt hier keinen Streit um die Tatsachen. Heinrich besaß Land, er besaß Reliquien, und er hatte viel Macht. Der Streit ist auf die Verallgemeinerungen beschränkt. Wenn wir eine Verallgemeinerung aus dem 11. Jahrhundert benutzen, dann müssen wir die Reliquien mit der Macht verbinden. Wenn wir aber eine moderne Verallgemeinerung benutzen, dann verbinden wir den Landbesitz mit der Macht. Für einen Beobachter aus dem 11. Jahrhundert ist der Landbesitz belanglos, und für einen modernen Beobachter sind die Reliquien belanglos. Wie gesagt, bei diesem Streit geht es um Verallgemeinerungen, nicht um Einzeltatsachen.

Da es nicht möglich ist zu beweisen, daß entweder die aus dem 11. Jahrhundert stammende Verallgemeinerung oder die aus der Moderne stammende „wahr" ist, können wir nicht eine dieser beiden Verallgemeinerungen vorziehen, weil die eine mit der Wirklichkeit übereinstimmt und die andere nicht. Wir werden in der Tat zu dem Schluß gezwungen, daß beide relativ zu ihrer intellektuellen Kultur „wahr" sind und daß alle beide deshalb subjektive Verallgemeinerungen sind. Der erste Anhaltspunkt für die historische Methode liegt deshalb in der Notwendigkeit, die Verallgemeinerung des Zeitalters und der Kultur aufzuspüren, die erforscht werden. In dieser ersten Runde der Forschung besteht dann der wissenschaftliche Gehalt des Geschichtswissens in der Entdeckung der „Tatsache", daß im 11. Jahrhundert die Menschen an die Reliquien als Ursache von Macht zu glauben neigten. Diese Entdeckung ist nicht subjektiv, denn sie stimmt eben mit der Tatsache, daß Menschen diese Verallgemeinerung als wahr bezeichneten, überein. Wir können nun von der historischen Wissenschaft fordern, daß sie, wenn sie sich als objektiv und wissenschaftlich legitimieren will, sich auf die Verallgemeinerungen beschränkt, die dem Zeitalter und der Kultur, die erforscht werden sollen, angehören. Diese Forderung — und das muß besonders betont werden — hat eine paradoxähnliche Folge. Wir sprechen von einer Rekonstruktion der Ursache der Macht Heinrichs II., welche wir heute, als moderne Historiker, für *falsch* halten, *wissenschaftlichen Rang* zu. Das ist natürlich kein richtiges Paradox, denn „Wissenschaftlichkeit" ist hier auf die Entdeckung der im 11. Jahrhundert geläufigen Verallgemeinerung beschränkt, und es steht uns dabei frei zu behaupten, daß die Menschen des 11. Jahrhunderts in einem Irrtum über die Ursachen der Macht befangen gewesen seien. Wie dem auch sei, der Wahrheitsgehalt dieser Rekonstruktion ist auf die Festellung, daß Menschen an diese Verallgemeinerung glaubten, beschränkt und befaßt sich nicht mit der weiteren Frage, ob dieser Glaube gerechtfertigt gewesen sei. Der wissenschaftliche Gehalt dieser ersten Runde ist klein, weil er sich auf das Auffinden der Verallgemeinerungen, die im 11. Jahrhundert benutzt worden waren, beschränkt und sich nicht mit der weiteren Frage, ob diese Verallgemeinerung wahr sei, befaßt. In dieser ersten Runde gibt sich der Historiker mit dem Versuch zufrieden, die Menschen des 11. Jahrhunderts so zu verstehen, wie sie sich selbst verstanden haben.

Solches Selbsverständnis ist aber einseitig und ideologisch bestimmt. Die Verallgemeinerungen, die in einer Gesellschaft gang und gäbe sind, haben, um mit den Hermeneutikern und Bibelforschern des vorigen Jahrhunderts zu reden, ihren Sitz im Leben dieser Gesellschaften. Oder, wenn man es mit Wittgenstein halten will, dann sind sie ein Teil der Lebensform dieser Gesellschaften. In diesen Gesellschaften spielen sie als Selbstverständnis in der Tat eine wichtige

Rolle, können aber nicht mehr leisten als alle anderen subjektiven Verallgemeinerungen. Jenseits der Grenzen der Gesellschaft, in der sie zur Lebensform gehören, sind sie belanglos. Sie erklären viel für die Mitglieder der Gesellschaft und sehr wenig für Außenstehende. Der moderne Historiker ist natürlich ein Außenstehender, und für ihn haben sie deshalb keinen weiteren Erklärungswert. In dieser ersten Runde kann er nicht mehr tun, als entdecken, daß diese Verallgemeinerungen zu dieser Zeit eine Rolle gespielt haben, und oft ist er sogar erstaunt, daß manch eine Verallgemeinerung überhaupt eine Rolle gespielt hat. In dieser ersten Runde steht die Reinheit der historischen Methode, die entdeckt, welche Verallgemeinerungen benutzt worden sind, im umgekehrten Verhältnis zu dem Erklärungswert dieser Verallgemeinerungen. Man darf aber den wissenschaftlichen Wert dieser ersten Runde nicht unterschätzen, denn die Entdeckung dieser Verallgemeinerungen, die in der Vergangenheit benutzt worden sind, ist oft schwierig, und der Erfolg kann objektiv bewertet werden. Entweder gelingt es dem Historiker, die Verallgemeinerung zu entdekken, oder es gelingt ihm nicht. Entweder entspricht seine Entdeckung der Wirklichkeit, oder sie entspricht ihr nicht. Die Entdeckung braucht natürlich nicht den wirklichen Kräften, die Heinrich II. zur Macht verholfen haben, zu enstprechen. Aber sie muß dem enstsprechen, was die Menschen damals über die Ursachen seiner Macht *geglaubt* haben. Der wissenschaftliche Bestandteil der ersten Runde ist, wie gesagt, bescheiden, aber es gibt ihn. Und auf jeden Fall muß wieder betont werden, daß, wie groß oder klein er auch ist, es sich bei ihm um Verallgemeinerungen, nicht um Einzeltatsachen, handelt. Wir müssen jetzt versuchen herauszufinden, ob Grund und Möglichkeiten bestehen, seinen Anteil zu vergrößern.

Die zweite Runde besteht aus dem Versuch des Historikers, Verallgemeinerungen, die er selbst für wahr hält, zu verwenden. Diese Verallgemeinerungen müssen der Erfahrungs- und Gedankenwelt des Historikers entspringen und ihren Sitz in *seinem* Leben haben. Das geht leicht, denn nach dem CLM, kann er die Verallgemeinerungen, die Menschen aus einem anderem Sitz im Leben geschöpft haben, durch Verallgemeinerungen, die aus seinem Sitz im Leben stammen, ersetzen. Durch diesen Vorgang werden die Tatsachen ihres strukturierten Zusammenhangs beraubt und fallen zuerst einmal in einem ungeordneten und deshalb unverständlichen Haufen durcheinander. Aber durch Einführung einer neuen Verallgemeinerung bekommen sie einen neuen Strukturzusammenhang und eine neue Ordnung. Um bei unserem Beispiel zu bleiben: zuerst steht der Besitz von Reliquien im Vordergrund; und dann steht der Landbesitz im Vordergrund. In dieser zweiten Runde ist die historische Methode weniger rein, denn der Historiker beschränkt sich nicht mehr darauf, die Wahrheit, die darin besteht, was die Menschen damals gedacht haben, zu entdecken. Statt dessen führt er seine eigenen Verallgemeinerungen in die Geschichte ein und zwingt sie, sozusagen, der Vergangenheit auf. Aber zugleich erhöht er den

Erklärungswert der Erzählung, die er auf diese Weise entstehen läßt. Indem er eine andere Verallgemeinerung benützt, bekommt das *explananandum* (Prognose) andere Vorgänger. Die nun entstandene Erzählung wird deshalb einige Tatsachen enthalten, die in der Erzählung der ersten Runde nicht vorgekommen sind. Auf diese Weise wird der Erklärungswert etwas gesteigert, erreicht aber doch noch keinen Höhepunkt, weil in der zweiten Runde der Historiker einfach die subjektive Verallgemeinerung des 11. Jahrhunderts durch eine Verallgemeinerung, die in Beziehung zu seiner eigenen Lebensform steht, ersetzt hat. Der Gewinn ist zeitlich bedingt, und die durch ihn entstandene Erzählung muß in der Zukunft neu umgeschrieben werden.

Aber es gibt schon in dieser Runde einen Hinweis auf die Richtung, in der wir nach Verallgemeinerungen mit größerem Erklärungswert fahnden sollten. Die moderne, die des 11. Jahrhunderts ersetzende, Verallgemeinerung, hat etwas für sich, das der Verallgemeinerung aus dem 11. Jahrhunderts nicht eigen war. Sie kann nicht nur erklären, was unter ähnlichen Umständen heute zu erwarten wäre, wenn jemand großen Landbesitz hätte, sondern auch was im 11. Jahrhundert geschehen ist. Sie leistet also mehr.

Auf diese Weise gelangen wir zur dritten Runde. Der Historiker beginnt, indem er, genau wie in der zweiten Runde, die der zu erforschenden Kultur oder Zeit innewohnenden Verallgemeinerungen beiseite schiebt. Aber dann geht er über diesen ersten Schritt hinaus und schiebt auch die Verallgemeinerungen, die seiner eigenen Epoche oder Lebensform angehören, beiseite und sucht nach einer ganz anderen neuen Art von Verallgemeinerungen. Diese neuen Verallgemeinerungen müssen nicht nur über die Verallgemeinerungen aller alten sowie modernen Verallgemeinerungen hinausgehen, sondern sie müssen jede denkbare oder bekannte Lebensform transzendieren. Sie müssen Verallgemeinerungen sein, die nicht einer besonderen Lebensform angehören und die nicht in einer gegebenen sozialen Struktur sitzen und benutzt wurden, um diese Struktur oder die Machtstellung einer Klasse oder Gruppe oder Institution zu legitimieren. Sie müssen allgemein genug sein, um nicht zu politischen oder sozialen Zwecken mißbraucht werden zu können. Sobald sie weit genug über alle möglichen Lebensformen hinausgehen, ergeben sie einen Nettogewinn an Erklärungswert, wenn die alleinstehenden Tatsachen einer Vergangenheit auf ihnen aufgefädelt werden. Genau wie in der zweiten Runde werden sich diese Tatsachen neu ordnen und in Verbindungen erscheinen, die es in der zweiten Runde nicht gegeben hat. Manche Tatsachen, die sich durch Verallgemeinerungen in der zweiten Runde mit anderen Tatsachen verbinden ließen, werden jetzt aus dem Rahmen fallen, während andere Tatsachen, die früher nicht beachtet worden sind, jetzt an prominenter Stelle stehen werden.

Der Fortschritt von der ersten zur zweiten und von der zweiten zur dritten Runde wurde durch die Wahl der Art der Verallgemeinerungen bestimmt. Da die Zusammenstellung von Einzeltatsachen immer nach dem *Covering Law*

Modell durchgeführt wird, kann man leicht ersehen, daß der Historiker immer wieder die Verallgemeinerungen auswechseln kann. Jedesmal, wenn eine neue Verallgemeinerung als *Covering Law* benutzt wird, wird auch entweder die Randbedingung oder die Prognose — aber wohlgemerkt, nie beide zur gleichen Zeit — durch eine neue Randbedingung oder eine neue Prognose ersetzt. Auf diese Weise entsteht jedesmal beim Wechseln des *Covering Law* eine neue Geschichte. Der Historiker hat also eine ziemlich freie Wahl, die von nichts anderem begrenzt ist als dem Finden von einzelnen Tatsachen. Denn es ist klar ersichtlich, daß eine Verallgemeinerung, für die keine Einzeltatsachen an dem Ort und zu der in Frage kommenden Zeit zu finden sind, nicht in Betracht gezogen werden kann. In der ersten Runde wurde die Wahl bestimmt durch das Auffinden von Verallgemeinerungen, die zu der zu erforschenden Zeit von den Menschen benutzt wurden. In der zweiten Runde wurde die Wahl bestimmt durch das Verlangen, Verallgemeinerungen zu benutzen, die für das Zeitalter des Historikers Erklärungswert hatten. In der dritten Runde wurde dann die Wahl durch das Verlangen nach noch höherem Erklärungswert bestimmt. Der Fortschritt von der ersten zur zweiten und von der zweiten zur dritten Runde wurde jedesmal davon bestimmt, daß Verallgemeinerungen mit höherem Erklärungswert den Vorzug vor Verallgemeinerungen mit geringerem Erklärungswert erhielten. Man muß aber immer noch zwischen höherem Erklärungswert und größerer allgemeiner Gültigkeit unterscheiden. Eine Verallgemeinerung, die es nur in einer kleinen Gruppe gibt, kann größere Gültigkeit erlangen, wenn ein fremdes Volk oder ein fremder Stamm erobert oder assimiliert wird und durch Zwang oder freiwillig die Sitten und Denkformen der Eroberer oder der freundlichen Kulturträger annimmt. In einem solchem Fall wird die Gültigkeit der Verallgemeinerungen, die dem ersten Volk innewohnten, ausgedehnt, ohne daß ihr Erklärungswert wächst. Eine wirkliche Zunahme an Erklärungswert findet nur dann statt, wenn alte, innenwohnende Verallgemeinerungen der zu erforschenden Zeit ausgewechselt werden und neue Verallgemeinerungen den innewohnenden vorgezogen werden. Fortschritt in der Geschichtswissenschaft besteht also in der Möglichkeit einer freien Wahl und in dem Vorzug, den man bei einer solchen Wahl Verallgemeinerungen mit höherem Erklärungswert gibt.

Die Behauptung, daß die Verallgemeinerungen, die den größten Erklärungswert haben, vorzuziehen sind, ist keine willkürliche Behauptung. Eine Verallgemeinerug, die nur etwas in einer Gesellschaft oder einer Lebensform zu einem bestimmten Zeitpunkt erklärt, ist gut für diese Lebensform. Solche Verallgemeinerungen sind aber, obwohl durchaus nicht immer, subjektiv und relativ zu dieser Lebensform. Und obwohl sie in dieser Lebensform gewiß Erklärungswert haben, fußen diese Verallgemeinerungen auf den sozialen, ethnischen und oft sehr persönlichen Bedürfnissen der Menschen dieser Lebensform. Man kann sogar oft beweisen, daß diese Verallgemeinerungen Versuche sind, Machtkämpfe, die in dieser Lebensform stattgefunden haben, zu legitimieren, indem man dem Schwert eine Ideologie oder eine moralische oder philosophische Perücke aufsteckt. Da der Raum, in dem diese Verallgemeinerungen angewendet werden können, sehr klein ist, ist auch ihr Wahrheitsgehalt nicht richtig prüfbar. Und da dieser nicht prüfbar ist, kann man nie wissen, ob diese Verallgemeinerungen sich auf die Wirklichkeit oder nur auf den Glauben, den die Menschen in dieser Lebensform über die Wirklichkeit haben, beziehen. Wir lernen viel von diesen Verallgemeinerungen über die Geisteswelt (mentalité) dieser Lebensform, aber nicht viel über die Wirklichkeit, der diese Lebensform ausgesetzt war. Wir können von ihnen viel auf die Menschen, die an sie glauben, schließen; aber nur wenig auf die eigentlichen Gründe, die deren Leben und Tun bestimmen. Dieser Relativismus ist unvereinbar mit einer Philosophie des Realismus. Wenn man erkennen will, was wirklich geschehen ist — im Unterschied zu dem, was die Menschen glauben, was geschehen sei — dann muß man sich an Verallgemeinerungen halten, die auch auf andere Zustände angewendet werden können, d.h. an Verallgemeinerungen, die einen größeren Erklärungswert haben und weniger relativ sind. Aus diesem Grund ist der Satz, daß Verallgemeinerungen mit größerem Erklärungswert denen mit weniger Erklärungswert vorzuziehen sind, nicht willkürlich. Ganz im Gegenteil: er ist das Diktat der Forschung nach wirklichen und objektiven Erklärungen.

Betrachten wir einmal ein konkretes Beispiel. Wir wissen aus der Geschichte der Religionen, daß es in jeder religiösen Gemeinschaft Erklärungen des Ursprungs der betreffenden Religion gibt. Mohammedaner glauben, daß der Koran Mohammed von Gott diktiert worden sei. Christen glauben, daß ihre Kirche von Jesus, dem fleischgewordenem Gott, gegründet worden sei. Juden glauben, daß ihr Ritual bis auf die Patriarchen zurückgehe, und in primitiveren Stämmen wird angenommen, daß das Ritual so sei, wie es ist, weil es harmonisch mit dem Kosmos verbunden sei. Es ist nicht der Mühe wert, für oder gegen diese verschiedenen Theorien zu argumentieren. In der Lebensform, in der die Theorie sitzt, hat sie Erklärungswert; und in jeder anderen Lebensform hat sie keinen Erklärungswert. Der Wahrheitsgehalt solcher Theorien ist nicht zu prüfen, denn jede dieser Theorien ist genau relativ zu der Lebensform, in der sie entstanden ist. Der Erklärungswert jeder dieser Theorien ist genau auf die Lebensform, in der sie sitzt, begrenzt. Sie kann nichts anderes leisten. Die Christliche Theorie kann den Islam nicht erklären, und der Islam kann das jüdische Ritual nicht erklären, obwohl Mohammed Versuche gemacht hat; und weder Islam noch Christentum können erklären, warum Juden nicht über die von ihren Vätern gestiftete Religion hinausgehen wollen und sich zum Christentum so wenig schlagen wollen wie zum Islam. Unter diesen Umständen sind wir gezwungen, nach einer Theorie zu suchen, die nicht in einem Verhältnis zu einer Religion steht und die deshalb größeren Erklärungswert hat als die verschiedenen Theorien, die im Islam, im Christentum und im Judentum heimisch sind.

Im Vergleich mit den Theorien, die in jeder Religionsgemeinschaft heimisch sind, hat Durkheims Theorie über den Ursprung der Religion größeren Erklärungswert. Durkheim behauptet nämlich, daß die Begriffe und Rituale des Heiligen von der Art und Weise, in der jede Gemeinschaft ihre eigene Solidarität anbetet, stammen. Diese Theorie, gesetzt, daß sie wahr ist, würde dann nicht nur den Islam und das Christentum und Judentum erklären, sondern könnte auch auf die primitiveren Religionen der sogenannten Naturvölker angewendet werden. Ihr Erklärungswert geht weit über eine einzige Religion hinaus. Aus diesem Grund sind wir verpflichtet, sie den Theorien, die je nur eine Religion erklären, vorzuziehen. Auf diese Weise kann man feststellen, wieviel wissenschaftlicher Gehalt den Rekonstruktionen der Vergangenheit angehört. Wenn der Historiker anfängt, die Vergangenheit zu erforschen, wird er nicht nur Tatsachen, sondern auch sehr viele Erklärungen, die von verschiedenen Gesellschaften zu verschiedenen Zeiten abgegeben worden sind, antreffen. Wenn er sie vergleicht, läßt er sie miteinander in Wettbewerb treten, da sie nicht alle gleichwertig sind, sondern nach ihrem Erklärungswert unterschieden werden können. Auf jeden Fall haben die früheren, in einer bestimmten Gesellschaft oder Kultur heimischen Theorien weniger Erklärunsgwert als spätere, von Historikern aufgestellte Theorien.

Ich möchte zum Abschluß diese Ansicht durch ein konkretes Beispiel aus der großen Literatur über die Puritaner der ersten Hälfte des 17. Jahrhunderts in Nordamerika erhärten. Ich will allerdings nicht behaupten, wie ein Kuhnianer es tun würde, daß unser Verständnis unseres geschichtlichen Wissens von einem einfachen Einblick in die Geschichte der geschichtlichen Literatur bestimmt ist. Solch eine Behauptung wäre angesichts dessen, was wir über geschichtliches Wissen wissen, absurd. Im Gegenteil: ich gehe in der entgegengesetzten Richtung vor. Ich habe nämlich eine logische Analyse historischer Erzählungen geliefert, und aus dieser geht hervor, daß man rational unter den Verallgemeinerungen, von denen die verschiedenen Erzählungen abhängig sind, unterscheiden kann. Und jetzt erst kann ich an einem Beispiel beweisen, daß geschichtliche Erzählungen in der Tat nach dem Erklärungswert der Verallgemeinerungen, die in ihnen benutzt werden, unterschieden werden können. Und dann kann man auch sehen, was geschieht, wenn man die Verallgemeinerungen, die den größten Erklärungswert haben, vorzieht. Im Gegensatz zu Kuhn geht mein Analyse dessen, was wir von Geschichtswissenschaft erwarten dürfen und wie wir uns zu wiedersprüchlichen geschichtlichen Erzählungen zu verhalten haben, meinen ausgewählten Beispielen voraus und, immer im Gegensatz zu Kuhn, berufe ich micht nicht auf die Beispiele. Man kann nämlich nicht von ihnen lernen, was man von der Geschichtswissenschaft halten soll. Die Geschichte der historischen Literatur über die Puritaner muß zuerst geschrieben werden. Und erst dann kann man sie betrachten und aus ihr Schlüsse über das Wesen des Geschichtswissens ziehen. In Kuhns Fall hätte die Geschichte der Naturwissenschaft erst nach irgendwelchen Kriterien zusammengestellt und geschrieben werden müssen, bevor es möglich gewesen wäre, die Kuhnschen oder irgenwelche anderen Schlüsse aus ihr zu ziehen. In diesem Fall aber würden die Schlüsse notwendigerweise mehr oder weniger mit den Kriterien, die bei der Zusammenstellung benutzt worden waren, übereinstimmen.

Als Beispiel der ersten Runde der Forschung, in der die Wahrheit der Erzählung allein von dem Aufspüren der Verallgemeinerungen, die von den damaligen Puritanern selbst benutzt worden sind, abhängt, nehme ich Theodore Dwight Bozemans *To Live Ancient Lives: The Primitivist Dimension in Puritanism* aus dem Jahr 1989. Bozeman hat es sich zur Aufgabe gemacht herauszufinden, welche Verallgemeinerungen von den Puritanern damals benutzt worden sind, und die Wahrheit seiner Erzählung fußt einzig auf dem Erfolg dieses begrenzten Unternehmens. Entweder hat er sie aufgespürt, oder er hat sie nicht aufgespürt. Das Aufspüren hat aber wenig Erklärungswert, denn die aufgespürten Verallgemeinerungen können eben nur auf die Puritaner jener Zeit angewendet werden. Bozeman erklärt uns die Puritaner, so wie sie sich selbst erklärten. Er zeigt auf, daß sie biblische Primitivisten waren, welche die anderen Protestanten in ihrer Berufung auf die Richtlinien der Bibel übertreffen wollten und glaubten, daß nur tun zu können, indem sie sich leiblich von der Körperschaft der weniger eifrigen Christen Englands entfernten.

Als Beispiel der zweiten Runde wählen wir Samuel Rawson Gardiners 1876 erschienenes Buch, *The First two Stuarts and the Puritan Revolution*. Dieses Buch verwendet Verallgemeinerungen, die nicht von den Puritanern angewendet worden sind. Gardiner schrieb zur Zeit der Hochblüte des englischen historischen Konstitutionalismus. Deshalb hielt er sich an Verallgemeinerungen über Regierung durch Volksvertreter, Selbstbestimmungsrecht und Souveränität des Rechts. Nach seiner Auffassung waren die Puritaner des 17. Jahrhunderts ein extremer Flügel der breiten, den Konstitutionalismus anstrebenden Bewegung. Er ersetzte die von den Puritanern benutzten subjektiven Verallgemeinerungen durch Verallgemeinerungen über politisches Streben im 19. Jahrhundert. Auf diese Weise wurden die Puritaner dem 19. Jahrhundert mehr verständlich, aber Gardiner konnte sich nicht mehr auf die Wahrheit seiner Darstellung berufen oder hätte es wenigstens nicht tun dürfen; denn er konnte nicht behaupten, daß er die von den Puritanern benutzten Verallgemeinerungen aufgespürt habe. Ein ähnliches Beispiel ist Michael Walzers 1965 erschienenes Buch über *The Revolution of the Saints: A Study of the Origins of Radical Politics*. Walzer verwendete Verallgemeinerungen, die in der ersten Hälfte des 20. Jahrhunderts geläufig waren, und tauschte sie, genau wie Gardiner, sowohl für die dem Puritanismus angehörigen Verallgemeinerungen als auch für Gardiners aus dem 19. Jahrhundert stammenden Verallgemeinerungen aus und hat sie durch eine weitere subjektive Verallgemeinerung ersetzt, nach der die Puritaner die ersten Träger einer sozialen und politischen Rekonstruktion gewesen sein sollen. In unserem Jahrhundert, das voll von Versuchen nach gesellschaftlicher Neuordnung war, ist Walzers Geschichte in der Tat mehr verständlich als Gardiners. Aber, gleich Gardiner, kann auch Walzer nicht behaupten, daß er die Wahrheit gefunden habe — Wahrheit im Sinne des Aufpürens der Verallgemeinerungen, die die Puritaner selbst angewendet haben. Das heißt also, daß im Vergleich zu Bozeman weder Gardiner noch Walzer die Wahrheit bringen, obwohl sie viel zum *Verständnis* der Puritaner in ihrem betreffenden Jahrhundert beigetragen haben.

Schließlich kommen wir zu der dritten Runde, zu Andrew Delbancos 1989 erschienenem Buch *The Puritan Ordeal*. Delbanco bedient sich Verallgemeinerungen, die aus dem Reich der Soziologie stammen. Genau gesagt, denkt er an das Phänomen der Wanderung. Die Puritaner, so Delbanco, waren die ersten Immigranten, nämlich die ersten Immigranten in der Amerikanischen Immigrantenkultur. Seine Beschreibung ihrer sozialen Ordnung, ihrer Ideologie und ihrer Persönlichkeiten stammen alle aus dem Reich der Wanderungssoziologie. Hier haben wir es nun mit Verallgemeinerungen zu tun, die, verglichen mit denen der ersten und zweiten Runde, sowohl über die Welt der Puritaner als auch über die Welt eines modernen Historikers hinausgehen, indem sie soziologisch orientiert sind und nichts mit den Ideologien und Legitimierungsversuchen einer bestimmten und begrenzten Gruppe zu tun haben. Diese soziologischen Verallgemeinerungen sind nicht in einer kleinen Gruppe entstanden und sind nie in einer Gesellschaft oder Kultur zu politischen oder gesellschaftlichen Eigenzwecken benutzt worden, noch nicht einmal z.B. als eine Art Selbstverständnis. Wir ersetzen die Verallgemeinerungen der ersten und zweiten Runde durch diese neuen Verallgemeinerungen und rechtfertigen diesen Austausch, indem wir darauf hinweisen, daß die neuen Verallgemeinerungen größeren Erklärungswert haben. Delbancos soziologische Verallgemeinerungen erklären nicht nur, was mit den Puritanern des 17. Jahrhunderts los war, sondern erklären auch das Verhalten späterer Immigranten aus Rußland, Polen, Italien, Deutschland und Irland in der Wildernis Nordamerikas. Höchst wahrscheinlich können sie sogar auf Immigranten anderer Kontinente angewendet werden.

In allen diesen Fällen werden die Verallgemeinerungen, die den größten Erklärungswert haben, vorgezogen. Die erste Runde stellt den kleinsten Erklärungswert dar. Die zweite Runde hat größeren Erklärungswert, weil die in ihr benutzten Verallgemeinerungen nicht nur das leisten, was die der ersten Runde geleistet haben, sondern auch das Verhalten im Zeitalter des Historikers erklären. Die Verallgemeinerungen der dritten Runde haben den größten Erklärungswert, weil sie noch mehr erklären können, d.h. nicht nur die Puritaner und nicht nur die Puritaner und die Zeitgenossen des Historikers, sondern noch viele mehr. Der wissenschaftliche Gehalt der Historiographie besteht, genau gesagt, in der Tatsache, daß es miteinander wetteifernde Verallgemeinerungen gibt und daß der Historiker jeweils die zu wählen hat, die den größten Erklärungswert haben. Diese Wahl ist rational begründet, und deshalb hängt die wissenschaftliche — im Gegensatz zur anekdotischen und sentimentalen — Rekonstruktion der Vergangenheit vom Kritischen Rationalismus ab.

Die entscheidende Rolle des Kritischen Rationalismus in der Geschichtswissenschaft wirft ein interessantes Licht auf die Geschichte der Geschichtswissenschaft. In seinem aus dem Jahr 1936 stammendem Buch *Die Entstehung des Historismus* hat Friedrich Meinecke gezeigt, daß diese Geschichte in zwei Teile geteilt ist. Erst kam die lange Epoche, von Thukydides zu Gibbon, in der alle Historiker im Glauben, daß die menschliche Natur gleichartig sei und daß alle Verallgemeinerungen auf alle Zeiten und alle Orte anzuwenden seien, schrieben. In dieser Epoche gab es deshalb keine Gelegenheit zur Anwendung des Kritischen Rationalismus, denn man konnte in diesem Glauben Verallgemeinerungen nicht voneinander nach ihrem Erklärungswert unterscheiden. Ohne Wettbewerb kam die Frage nach Vorzug nicht auf.

Laut Meinecke begann die zweite Epoche gegen Ende des 18. Jahrhunderts, als der Historismus (nicht mit dem von Popper getadeltem „Historizismus" zu verwechseln!) aufkam. Angesichts des Historismus wurden Historiker sich der Verschiedenheit der zu anderen Zeiten und an anderen Orten geläufigen Verallgemeinerungen sehr bewußt. Gemäß dem Historismus hat jede Gesellschaftsordnung ihre eigenen Verallgemeinerungen, durch die sie sich von allen anderen Gesellschaftsordnungen unterscheidet. Unter diesen Umständen gab es auch noch keine Gelegenheit zur Anwendung des Kritischen Rationalismus, denn wenn alle Verallgemeinerungen auf ein kleine Gesellschaftsordnung begrenzt sind, kann man sie unmöglich miteinander vergleichen und denen, die den größeren Erklärungswert haben, den Vorzug geben. In dieser Epoche war das einzig mögliche Ziel der geschichtlichen Forschung das Aufspüren der Verallgemeinerungen, die in den jeweiligen Gesellschaften benutzt worden sind. Erklärung, im Gegesatz zum Selbstverständnis, wurde für unmöglich gehalten. Statt dessen begann ein unendlich langer Zug in die Hermeneutik, indem man versuchte, die Verallgemeinerungen, die von anderen Menschan in anderen Gesellschaftsordnungen zu anderen Zeiten angewendet worden sind, zu „verstehen", d.h. man suchte nach Verallgemeinerungen, die der Historiker und seine Zeit selbst für „falsch" hielten, aber von denen man wußte, daß sie zu einer anderen Zeit von anderen Menschen für wahr gehalten wurden. Solche hermeneutischen Versuche stolpern von einem Extrem ins andere. Entweder entdeckt man, daß letzten Endes die Verallgemeinerungen anderer Menschen doch nicht so verschieden von unseren eigenen sind, oder es zeigt sich, daß die Verallgemeinerungen doch so verschieden sind, daß alle hermeneutischen Versuche zum Scheitern verurteilt sind. Deshalb ist alle Hermeneutik entweder überflüssig oder unmöglich.

In der ersten Epoche bedurfte es keiner Erklärungen, denn man glaubte, daß alle Menschen dieselben Verallgemeinerungen benutzten. In der zweiten Epoche waren Erklärungen nicht möglich, denn man glaubte, daß alle nur erdenklichen Verallgemeinerungen streng und ausschließlich auf ein bestimmtes und abgegrenztes Anwendungsfeld beschränkt seien und daß deshalb kein Wettbewerb unter ihnen entstehen könne, weil sie, nach Ranke, alle den „gleichen Abstand von Gott" hätten. Wenn man sich an diese Rankesche Gleichwertigkeit hält, kann es keinen rationalen Grund geben, eine Verallgemeinerung einer anderen vorzuziehen. Jetzt aber, da der Kritische Rationalismus uns darauf aufmerksam gemacht hat, daß man Verallgemeinerungen nach ihrem Erklärungswert unterscheiden kann und daß die Verallgemeinerungen, die den größten Erklärungswert haben, vorzuziehen sind, sehen wir ein, daß Verallgemeinerungen ganz und gar nicht den „gleichen Abstand von Gott" haben, sondern ziemlich streng hierarchisch geordnet werden können. Die Verallgemeinerungen der ersten Runde befinden sich auf der Basis; die der zweiten in der Mitte; und die der dritten an der Spitze. Man darf deshalb hoffen, daß der Kritische Rationalismus zu einer dritten Epoche der Geschichtsschreibung führen wird, die mehr Anteil an Rationalismus haben wird, als Meineckes erste und zweite Epoche.

Braucht die Wissenschaft die Wissenschaftstheorie?

Von *Hardy Bouillon*

Zusammenfassung

Die Wissenschaftstheorie des Kritischen Rationalismus ist einer Reihe von Mißverständnissen ausgesetzt. Daraus erklären sich so manche Vorwürfe, die von Wissenschaftlern gegen die Wissenschaftstheorie im allgemeinen und gegen den Kritischen Rationalismus im besonderen erhoben werden. Einige dieser Vorwürfe werden hier auf ihre Haltbarkeit hin überprüft. Hans Primas' stimulierender und manchmal auch provozierender Essay in diesem Band enthält einen wesentlichen Teil dieser oft vorgebrachten Kritik, mit der wir uns hier auseinandersetzen. Ich nehme ihn daher als Bezugspunkt für meine Überlegungen zum Thema.

Laut Popper sind Theorien nur dann wissenschaftlich, wenn sie falsifizierbar sind. Das legt die Vermutung nahe, der Kritische Rationalismus biete eine normative Wissenschaftstheorie an — „normativ" im Sinne einer Bevormundung des aktiven Forschers. Dieser Verdacht wird mit drei Argumenten zu entkräften versucht.

1. Der Kritische Rationalismus verleiht nicht der Theoriebildung, sondern nur der Theorie die Prädikate „wissenschaftlich" oder „nicht-wissenschaftlich". Er gibt keinen Rat, wie ein Forscher zu Theorien gelangen soll.

2. Die Ratschläge, welche die Wissenschaftstheorie des Kritischen Rationalismus dem Forscher gibt, sind hypothetische Präskriptionen, etwa in der Form: Wenn Sie nach Erkenntnisfortschritt streben, dann dürften Ihre Erfolgs-chancen höher sein, wenn sie der vom Kritischen Rationalismus vorgeschlagenen Regel folgten, als wenn Sie einer konkurrierenden Regel den Vorzug gäben.

3. Die Falsifizierbarkeit ist ein logischer Begriff, eine logische Relation zwischen zwei Klassen von Sätzen; die Falsifikation hingegen ist ein methodologischer Begriff.

Die Falsifikation einer Theorie (ein methodologischer Vorgang) ist jedoch klar zu unterscheiden von der Ablehnung dieser Theorie für technologische Anwendungen oder für die weitere Arbeit an Theorien dieser Art.

Eine Forderung, die der Kritische Rationalismus erhebt, ist, Theorien der Erfahrungswissenschaften strengen empirischen Tests auszusetzen, wobei der Satz, der eine falsifizierbare Hypothese darstellen soll, einen reproduzierbaren Effekt beschreiben muß, um als falsifizierende Hypothese bona fide anerkannt zu werden. Das läßt die Frage aufwerfen, ob nicht aus z.B. technischen oder moralischen Gründen Prüfsätze problematisch werden könnten und ob dieser Umstand es nicht nahelege, aus eben diesen Gründen auf eine Wiederholung bestimmter empirischer Tests zu verzichten. Es wird gezeigt, daß ein sowohl technisch wie moralisch begründbarer Verzicht auf die Reproduktion gewisser empirischer Tests nicht zum Stillstand der Arbeit an der davon betroffenen Theorie führen muß, weil es im Prinzip möglich ist, mittels Hilfshypothesen aus problematischen Prüfsätzen unproblematische Prüfsätze abzuleiten.

I. Einleitung

Viele Wissenschaftler sind der Auffassung, daß Reflexionen über das methodische Vorgehen in der Forschung nicht notwendig, mitunter sogar für die wissenschaftliche Arbeit hinderlich seien; sie glauben, daß die Wissenschaft die Wissenschaftstheorie nicht brauche, daß sie zumindest auf eine Wissenschaftstheorie, die sich als Technologie oder „Quasi-Technologie"[1] versteht, verzichten könne. Sie scheinen zu vermuten, daß die Wissenschaftstheorie methodische Normen an die Hand gebe, deren Befolgung die Chancen des Forschererfolges nicht erhöhe, sondern verringere, und auf den Forscher einen lähmenden Einfluß — im psychologischen Sinn — ausüben könne. Um dieser Lähmung vorzugreifen, sei es ratsam, jegliche Bevormundung abzulehnen.

Die Skepsis bis Animosität solcher Wissenschaftler gegen die methodischen Regeln ihres Faches (oft Anhänger von Paul Feyerabends Wissenschaftstheorie des „everything goes") ist nicht ganz unbegründet. Zu ihrer Entstehung haben gewiß einige Strömungen in der Wissenschaftstheorie selbst beigetragen, wenn auch diese nicht allein. Auch einige Mißverständnisse im Dialog zwischen Wissenschaftler und Methodologe dürften die Vorbehalte mancher Forscher gegen die Wissenschaftstheorie genährt haben. Darüber hinaus ist es auch dem Fehlen eines Dialogs dort, wo er von Nöten gewesen wäre, zuzuschreiben, daß

---

[1] Vgl. Gerard Radnitzky, „Wozu Wissenschaftstheorie? Die falsifikationistische Methodologie im Lichte des Ökonomischen Ansatzes", in: *Wozu Wissenschaftsphilosophie*, Hg. P. Hoyningen-Huene und G. Hirsch, Berlin / New York 1988, S. 85-132.

das Verhältnis von Wissenschaft und Methodologie manches zu wünschen übrig läßt.

Daß die Klage über den mancherorts fehlenden Dialog nicht nur von Forschern erhoben wird, sondern auch von Wissenschaftstheoretikern, wird kaum Erstaunen hervorrufen.[2] Denn um die Wissenschaftstheorie wäre es schlecht bestellt, wenn sie gerade von denen kein Echo erhielte, mit denen sie den Dialog suchen sollte: von den aktiven Forschern. Fände eine Auseinandersetzung mit diesen nicht statt, könnte der auf der Metaebene arbeitende Philosoph zwar nach wie vor beanspruchen, als Wissenschaftsphilosoph beachtenswerte Gedankengebäude zu errichten. Allein sein Anspruch, ein besonderes Feld erkenntnisgewinnender Handlungen, nämlich den tatsächlichen und ex post auch den meist optimalen Gang des Erkenntnisfortschritts richtig zu beschreiben und vielleicht sogar mit nützlichen Regeln zu versehen, würde alsbald verfallen. Das gilt für sämtliche Wissenschaften, für Geisteswissenschaften wie auch für Naturwissenschaften.

„Ein ernsthafter Dialog zwischen Naturwissenschaftlern und Philosophen ist nicht nur wünschenswert, sondern dringend."[3] Dieser These von Hans Primas kann der Wissenschaftsphilosoph und -theoretiker daher voll zustimmen. Die Forderung von Hans Primas nach einem ernsthaften Dialog zwischen Naturwissenschaftlern und Philosophen fußt auf seiner scharfen Kritik am vermeintlichen Ertrag der Wissenschaftstheorie für die Naturwissenschaften nach 1930. Laut Primas gibt es keinen Ertrag, wohl aber eine Behinderung:

„Der Einfluß der modernen Wissenschaftstheorie auf die Naturwissenschaften war für diese eher kontraproduktiv."[4] „Aus der Sicht der Naturwissenschaft hat jedoch die Wissenschaftstheorie nach 1930 für die Entwicklung oder die Konsolidierung naturwissenschaftlicher Erkenntnisse *nie* eine positive Rolle gespielt. Im Gegenteil, die zum Teil sicherlich notwendige Kritik der Wiener Schule (des sogenannten „Wiener Kreises", HB) und des Kritischen Rationalismus hat — soweit sie von den Naturwissenschaftlern überhaupt zu Kenntnis genommen wurde — zu einem unheilvollen Dogmatismus geführt, welcher einem ersprießlichen Dialog zwischen Philosophie und den Naturwissenschaften auch heute noch im Wege steht."[5]

Aus Sicht des Kritischen Rationalismus, der ja einer der beiden Adressaten dieses Vorwurfes ist, erhebt sich jedoch die Frage, ob diese Kritik berechtigt sei. Eine Antwort auf diese Frage setzt allerdings eine nähere Betrachtung des

---

2 Vgl. die Einleitung von Gerard Radnitzky zum 1. Band der von ihm herausgegebenen zweibändigen Ausgabe *Centripetal Forces in the Sciences*, New York: Paragon House, 1987, 1988.
3 Hans Primas, „Vor-Urteile in den Naturwissenschaften", in diesem Band, S. 49.
4 Ebenda, S. 50.
5 Ebenda, S. 49f.

Bildes voraus, das sich Primas von der Wissenschaftstheorie macht. Denn darauf fußt ja seine Kritik.

II. Was leistet der Kritische Rationalismus?

Bei einer näheren Betrachtung entsteht der Eindruck, als ob Primas Kritik mit Recht gegen gewisse wissenschaftstheoretische Strömungen angebracht wäre, aber nicht gegen die Wissenschaftstheorie im allgemeinen und nicht gegen die des Kritischen Rationalismus im besonderen. So heißt es z.B. bei Primas:

„Merkwürdigerweise orientiert sich die heutige Wissenschaftstheorie immer noch an den Paradigmen einer naturwissenschaftlich längst überholten operationalistischen Auffassung der klassischen Physik, und versucht sie — in geklärter, axiomatisierter oder auch verwässerter Form — den nicht-physikalischen Wissenschaften als erstrebenswertes Ziel darzustellen."[6]

P.W. Bridgman führte den Operationalismus 1927 in die Diskussion über die naturwissenschaftliche Methode ein.[7] Bridgman forderte, nur solche Begriffe oder, genauer gesagt, Prädikatausdrücke, (in den empirischen Wissenschaften) zuzulassen, die Eigenschaften bezeichneten, für die es Testverfahren gebe, mit

---

[6] Ebenda, S. 50.
[7] Die Doktrine „Operationalismus" ist allerdings älter. Bereits 1907 taucht sie bei Hugo Dingler auf, 1923 bei Arthur Eddington und 1924 bei Hans Reichenbach. P.W. Bridgman legte dann 1927 mit seinem Buch *The Logic of Modern Physics*, New York 1927, eine systematische Ausarbeitung des Operationalismus vor. Bridgmans Auffassung fand bei positivistischen Methodologen und bei vielen empiristischen Psychologen großen Anklang. Sein Prestige als Nobelpreisträger für Physik (1946) kam ihm dabei sicherlich zu Hilfe. Bridgman, unter dem Einfluß von Wittgensteins *Tractatus* der ursprünglichen Auffassung des Wiener Kreises folgend, stellte das Demarkationsproblem ins Zentrum, verwandelte es in das Problem der Explikation von „empirical significance" und empfahl eine Wissenschaftstheorie, die alle Theorie zu vermeiden suchte. In Anlehnung an Bridgman kam es zu einer Reihe von Begriffsbildungen, die sehr problematisch, wenn nicht sogar irreführend waren. Ein Beispiel sind die sogenannten 'operational definitions'. — Martin Bunge ist der wohl schärfste Kritiker des Operationalismus. Seine Kritik hat er erstmals 1967 ausführlich in seinem zweibändigen Werk *Scientific Research*, das in New York erschien, dargelegt. Er hat z.B. darauf hingewiesen, daß die 'operational definitions' gar keine Definitionen sind und sie in „operational referitions" umbenannt. Will man z.B. „Länge" operational „definieren", dann führt jede Meßmethode einen neuen Begriff von Länge ein. Daraus entsteht dann das (künstliche) Problem der „sameness", das nur durch die Einsicht gelöst werden kann, daß das ganze Vorgehen nur sinnvoll ist, wenn es (das Meßverfahren) von einem theoretischen Begriff oder, genauer, von einer Theorie, in der ein Begriff „Länge" zu explizieren ist, gesteuert wird. Das gleiche gilt — was noch deutlicher erscheint — z.B. für „Temperatur".

deren Hilfe man den Ausprägungsgrad der Eigenschaft in konkreten Fällen feststellen könne — für die es quantitative Feststellungsmethoden gebe. Begriffe, welche diese Forderung erfüllten, seien „operationalisierbar".

Die Behauptung, die heutige Wissenschaftstheorie „orientiere" sich am überholten Operationalismus, ist jedoch m.E. leicht mißverständlich. Zwar ist der Operationalismus z.B. unter empiristischen Psychologen weiter verfolgt worden — insofern könnte man von einer Orientierung sprechen —, aber für den Kritischen Rationalismus gilt die These von Primas nicht. Der Kritische Rationalismus hält den Operationalismus für verfehlt.

Auch der Vorwurf, die Wissenschaftsphilosophie beteilige sich nicht an der Lösung aktueller begrifflicher Fragen, trifft den Kritischen Rationalismus zu unrecht. „Trotz intensiver Studien", schreibt Primas, „kenne ich keine stimulierende oder konstruktiv kritische Arbeit eines reinen Wissenschaftstheoretikers zu den erkenntnistheoretischen Problemen der Quantentheorie und den damit assoziierten naturwissenschaftlichen Theorien."[8] Gegen diese Aussage läßt sich schwerlich etwas einwenden, denn: welche Arbeiten sind stimulierend? Deshalb sei hier nur angemerkt, daß Karl Popper sich in seinem *Postscript* zur „Logik der Forschung" zu dem von Primas genannten Problem sowie zu einer Reihe anderer damit verbundener Probleme Stellung genommen hat.[9]

An anderer Stelle heißt es bei Primas:

„Eine Wissenschaftstheorie oder Naturphilosophie, welche immer noch die räumliche Lokalisierbarkeit der Basisentitäten und das Baukastenprinzip des Atomismus akzeptiert, und den Holismus durch Einstein-Podolsky-Rosen-Korrelationen verschränkter Quantensysteme nicht kennt, ist heute naturwissenschaftlich ohne Interesse."[10]

Dem ist sicherlich wert hinzuzufügen, daß Popper als einer der ersten die Bedeutung der Einstein-Podolsky-Rosen-Korrelation gesehen hat. (Darüber gibt die Korrespondenz zwischen Einstein und Popper Auskunft.) Popper versuchte auch, diese Korrelation in seine methodologische Konzeption einzubeziehen.[11]

---

8 Hans Primas, „Vor-Urteile in den Naturwissenschaften", in diesem Band, S.50.
9 Karl Popper, *Quantum Theory and the Schism in Physics*, Bd. 3 von *Postscript to the Logic of Scientific Discovery*, Hg. W.W. Bartley, III., Totowa 1983; vgl. auch William Warren Bartley, III., „The philosophy of Karl Popper: Part II: Consciousness and Physics: Quantum mechanics, probability, indeterminism, and the mind-body problem", in: *Philosophia*, Israel 7, 1978, S. 675-716.
10 Hans Primas, „Vor-Urteile in den Naturwissenschaften", in diesem Band, S. 52.
11 Karl Popper, *Logik der Forschung* (1934), Tübingen 1971 (4. Auflage), S. 412ff.; derselbe, „Particle annihilation and the argument of Einstein", in: *Fragen zur gegenwärtigen Wissenschaftsphilosophie*, Hg. P. Hoyningen-Huene und G. Hirsch, Berlin / New York 1988, S. 106f.

Popper gehört sicherlich auch nicht zu den Wissenschaftstheoretikern, die einen szientistischen Reduktionismus vertreten, im Sinne einer strengen Rückführung aller Einzelwissenschaften auf die Physik. Im Gegenteil: Popper hat diese Auffassung stets vehement bekämpft, wie z.B. aus den beiden letzten Kapiteln seines zweiten Bandes des *Postscript to the Logic of Scientific Discovery* hervorgeht.[12] Gegen den szientistischen Reduktionismus würde sich der Kritische Rationalismus mit Primas gemeinsam wenden.

III. Bietet der Kritische Rationalismus eine Methode der Entdeckung?

Wenn der Eindruck entstünde, die Wissenschaftstheorie hinke mit ihren Untersuchungen des wissenschaftlichen Erkenntnisprozesses der Wirklichkeit hinterher, beeile sich aber umso mehr, den Forschern gute Ratschläge zu erteilen, dann gäbe das tatsächlich dem Wissenschaftler Anlaß, wissenschaftstheoretische Abstinenz zu üben. Ein Dialog, der diesen Eindruck korrigierte, wäre daher wünschenswert. Im vorangehenden Abschnitt wurde argumentiert, daß der Kritische Rationalismus von Primas' Kritik (wonach die Wissenschaftstheorie nicht mit der Wirklichkeit des Wissenschaftsprozesses Schritt halten könne) nicht getroffen wird. Dem schließen sich nun einige Argumente an, die zeigen sollen, daß die Poppersche Methodologie keine „normative" Methodenlehre im Sinne einer Bevormundung bei der Gewinnung wissenschaftlicher Erkenntnis ist — daß sie keine Methode der Entdeckung ist. (Wohl aber gibt sie (dem Forscher) brauchbare Empfehlungen an die Hand, wie er bei der *Überprüfung* der Leistungsfähigkeit von konkurrierenden Problemlösungen verfahren soll, um seine Aussicht auf Erkenntnisfortschritt zu verbessern. „Normativ" ist sie also *nur* im Sinne einer Technologie des Erkenntnisfortschritts.)

Daß der Eindruck entstehen konnte, der Kritische Rationalismus sei eine Methode der Entdeckung mag durch den Umstand ausgelöst worden sein, daß die Falsifizierbarkeit von Popper in der *Logik der Forschung* als Kriterium zur Abgrenzung wissenschaftlicher Theorien von nicht-wissenschaftlichen Theorien oder „metaphysischen" Theorien eingeführt wurde. Dies hat (verständlicherweise) bei einigen Wissenschaftlern, die ihre Forschung im Stadium betrieben, das noch keine falsifizierbaren Theorien hervorgebracht hatte, Unbehagen ausgelöst.

Im Dialog zwischen Forschern und Vertretern der Wissenschaftstheorie des Kritischen Rationalismus mag es dabei wiederholt zu zwei Mißverständnissen gekommen sein, deren Aufdeckung für unsere weitere Argumentation von

---

[12] Vgl. auch Noretta Koertge, „Is reductionism the best way to unify science?", in: *Centripetal Forces in the Sciences*, Band 1, a.a.O., S. 19-49 und die „Introduction" von Gerard Radnitzky ebenda, S. XIII-XLII.

grundlegender Bedeutung ist. Diese Mißverständnisse beruhen im wesentlichen auf Unterlassungen. Man unterließ es, in der Analyse oder Rekonstruktion zwischen Fragen der *„Genese"* und Fragen der *„Geltung"* einer Theorie deutlich zu unterscheiden, und man versäumte es auch, zu unterscheiden zwischen „Falsifikation" in ihrer rein logischen Bedeutung und „Falsifikation" im methodologisch-praktischen Sinn — zwischen einer logischen Relation und einem methodologischen Begriff.

1. Genese und Geltung einer Theorie: Theorienbildung und Theorienüberprüfung

Aus Sicht des Kritischen Rationalismus ist die Frage: wie entsteht eine Theorie?, von nachgeordneter Bedeutung, für die Frage des wissenschaftlichen Status dieser Theorie ist sie sogar ohne jegliche Bedeutung. Bei der Untersuchung der Falsifizierbarkeit wird lediglich das Resultat „Theorie" betrachtet. Im einfachsten Fall wird die Theorie als Satz (Allsatz) konzipiert und auf die Möglichkeiten des logischen Widerspruchs zu anderen Sätzen („Basissätzen" oder „Prüfsätzen") hin überprüft (vgl. 2.). Für diese Überprüfung ist der Erkenntnisprozeß, der zur „Theorie" führt, wie gesagt, ohne jede Bedeutung. Erkenntnistheoretisch ist die Frage, wie dieser Erkenntnisprozeß verläuft, jedoch interessant. Und aufgrund des engen Zusammenhanges zwischen Erkenntnistheorie und Wissenschaftstheorie ist die Frage: wie entsteht eine Theorie?, zwar auch für den Kritischen Rationalismus von Interesse, aber, wie bereits erwähnt, von nachgeordneter Bedeutung.

Die Unterscheidung in Genese und Geltung einer Theorie erweist sich also als sehr wichtig und folgenreich. Ferner ist es wichtig festzustellen, daß der Kritische Rationalismus nicht die Entstehung, sondern nur die Überprüfbarkeit einer Theorie mit der Frage nach ihrer Wissenschaftlichkeit verknüpft. „Die Frage der „Wissenschaftlichkeit" des Vorgehens stellt sich dem forschenden Naturwissenschaftler nie", schreibt Primas.[13] Auch hier herrscht Übereinstimmung zwischen ihm und dem Kritischen Rationalismus. Auch dieser stellt die Frage nach der Wissenschaftlichkeit des Vorgehens nicht, wohl aber die nach der Wissenschaftlichkeit des *Resultates* des Vorgehens.

Für den Kritischen Rationalismus ist die Unterscheidung zwischen der Verfahrensweise und der Resultate der Forschung hinsichtlich der Frage der Wissenschaftlichkeit von entscheidender Bedeutung. Die Art und Weise, in der man zu einem wissenschaftlichen Ergebnis kommt, sagt etwas über die *Theoriebildung* aus. Davon scharf zu trennen ist das Problem der *Theoriebewertung*.

---

13 Hans Primas, „Vor-Urteile in den Naturwissenschaften", in diesem Band, S. 53.

Etwas überspitzt könnte man sagen: Der Zweck heiligt die Mittel. Die Frage, welche Methode zum Erfolg führe, gehört nicht zum Untersuchungsgegenstand der Wissenschaftstheorie. Entscheidend ist, daß das Ergebnis überprüft werden kann, d.h. daß aus der Theorie empirisch prüfbare (falsifizierbare) Konsequenzen ableitbar sind.

Laut Primas haben sich die Naturwissenschaftler ethischen Normen zu unterstellen, „aber was naturwissenschaftlich als gut, und was als schlecht zu gelten hat, darüber möchten sie zwar Kritik hören, sind aber nicht bereit, irgendwelche wissenschaftstheoretischen Normen zu akzeptieren."[14]

Ist man aber nicht bereit, Kriterien, Regeln für die Theoriebewertung anzuerkennen, dann erhebt sich die Frage, auf welcher Grundlage man eine Theorie überhaupt kritisieren könne und wie man miteinander konkurrierende Theorien in bezug auf Erklärungs- und Voraussagepotential vergleichen könne.

Wäre es denkbar, daß Theorienbewertung allein durch den Konsensus der Forschergemeinschaft („Soziologismus"), d.h. ohne Rückgriff auf explizite methodologische Regeln erfolgen könnte? Für diesen Fall würde unterstellt, daß die Forscher zumindest über implizite Bewertungskriterien verfügten, die sie sozusagen mit schlafwandlerischer Sicherheit verwendeten und daß die Zustimmung der Forschergemeinschaft zu einer Theorie das Kriterium für deren Qualität sei. An die Stelle der methodologischen Bewertung träte dann die soziologische Beschreibung der Reaktion der „scientific community"; an die Stelle der Falsifizierbarkeit rückte die Zustimmung der Mehrheit der Forschergemeinde: Sie verliehe einer Theorie den Status der Wissenschaftlichkeit.[15]

---

[14] Ebenda, S. 53

[15] Dies würde eine Art demokratische Abstimmungsmethode in der Wissenschaft darstellen, die Imre Lakatos spöttisch „mob psychology" genannt hat. Ein solches Vorgehen erinnert an die sogenannte *Konsensethik*, die den genetischen Fehlschluß ins System setzt. Sie verschiebt aber nur das Bewertungsproblem: Jetzt stellt sich nämlich die Frage, wie man die „zuständige scientific community" definiert, welche Kriterien man wählt. Wer gehört zum Klub? Wenn man darauf antwortet: dazu gehören nur solche Forscher, die in der Vergangenheit erfolgreich waren, d.h. erfolgreiche Theorien vorgelegt haben (Theorien, die sich bewährt haben), dann ist man damit wieder beim alten Problem gelandet, dem die Konsensustheoretiker ausweichen wollen: Was sind Kriterien für die Bewertung von Theorien, woran erkennen wir, daß eine Theorie erfolgreich ist, sich bewährt hat —gezeigt hat, daß sie ein höheres Erklärungs- und Prognosepotential hat als die mit ihr konkurrierenden Theorien?

2. Falsifizierbarkeit und Falsifikation

Laut Popper ist eine Theorie jedoch genau dann wissenschaftlich, wenn sie falsifizierbar ist. Doch was ist eigentlich mit „falsifizierbar" gemeint? Dieser Frage wollen wir im folgenden unsere Aufmerksamkeit schenken, weil die Forderung nach Falsifizierbarkeit, wie bereits erwähnt, oft zu Mißverständnissen geführt hat. Popper schreibt:

„Ein Satz (oder eine Theorie) ist nach Popper falsifizierbar dann und nur dann, wenn es wenigstens einen Basissatz gibt, der mit ihr in logischem Widerspruch steht. ... die Klasse der Basissätze ist dadurch gekennzeichnet, daß ein Basissatz ein logisch mögliches Ereignis (einen möglichen Sachverhalt) beschreibt, von dem es seinerseits logisch möglich ist, daß es beobachtet werden könnte."[16]

Die Falsifizierbarkeit ist also nur eine Forderung, nämlich die, daß Theorie und „Basissatz" eine bestimmte logische Relation exemplifizieren; „Und sie hat nichts zu tun mit der Frage, ob eine vorgeschlagene experimentelle Falsifikation als solche anerkannt wird oder nicht."[17] Sie hat auch nichts zu tun mit der Frage, ob eine solche Prüfung zur Zeit technisch möglich ist.

Letztere sind Fragen der Methodologie und der „Pragmatik". Um eine Verwechslung der beiden Ebenen (logische und methodologische) zu vermeiden, ist es ratsam, Poppers Sprachgebrauch folgend, im Falle der logischen Relationen von Sätzen (Satzklassen) von *Falsifizierbarkeit* und im Falle der methodologischen Beziehung von *Falsifikation* zu sprechen.

Ob man eine bestimmte experimentelle Falsifikation anerkennt oder nicht, kann von einer Reihe von Faktoren abhängen. Der Wissenschaftstheoretiker kann dem Forscher zwar methodische Ratschläge erteilen, doch diese haben nichts mit der Falsifizierbarkeit der in Frage stehenden Theorie zu tun. Im folgenden Abschnitt wollen wir diese Überlegungen mit einem spieltheoretischen Beispiel veranschaulichen, in dem die Falsifikation einer Theorie T zur Disposition steht.

Einer Theorie (nehmen wir der Einfachheit halber an, in der Form eines Allsatzes), für die wir 'T' als Abkürzung verwenden, soll folgende Interpretation gegeben werden: „Alle Schwäne sind weiß", d.h. für alle x gilt: wenn x die Eigenschaft S (Schwan zu sein) hat, dann besitzt x auch die Eigenschaft W (weiß zu sein.) — Um einem trivialen Einwand vorzubeugen: selbstverständlich sind „natürliche" weiße Schwäne und nicht etwa weiß angestrichene Schwäne gemeint. — Nehmen wir an, wir beobachten in einer bestimmten

---
[16] Karl Popper, „Falsifizierbarkeit, zwei Bedeutungen von", in: *Handlexikon zur Wissenschaftstheorie*, Hg. H. Seiffert und G. Radnitzky, München 1989, S. 83.
[17] Ebenda, S. 82.

Raum/Zeit-Region einen nicht-weißen Schwan (z.B. einen roten oder gelben Schwan, auf jeden Fall einen Schwan, der eine bestimmte Farbe hat, woraus wir das Korollarium ableiten, daß der Schwan nicht weiß ist — denn strenggenommen beobachten wir niemals einen „nicht-weißen" Schwan). Geben wir nun diese Beobachtung durch einen Basissatz B wieder von der Form: „In der Raum/Zeit-Region r gibt es einen nicht-weißen Schwan." T und B sind also unvereinbar. *Das ist alles, was die Logik sagen kann.* Sie kann nicht sagen, welcher der beiden Sätze falsch ist. Sie sagt nur, daß die Sätze im logischen Widerspruch zueinander stehen und folglich nicht beide wahr sein können. Ob ein Forscher bereit ist, T durch B als falsifiziert anzusehen, hängt davon ab, welchen Satz von beiden er für unproblematischer hält; dies wiederum hängt von der Menge der für die Entscheidung relevanten Informationen ab, die er zur Zeit besitzt. Das Beispiel ist vereinfacht — fast bis zur Karikatur — aber es zeigt die Struktur des Arguments.

In der Forschung dürfte ein einfacher Fall wie dieser sehr selten sein. Meist steht nicht eine einzelne Theorie, sondern ein System von Sätzen, das wir mit Andersson „theoretisches System"[18] nennen wollen, zur Disposition. Ein solches theoretisches System TS besteht in der Regel aus mehreren Theorien (T), Hilfshypothesen (H) und singulären Sätzen, die Randbedingungen (R) beschreiben. Ein theoretisches System könnten wir also betrachten als eine Konjunktion mit folgender Form:

TS: $(T_1 \& T_2 \& T_3 \& ... T_n; H_1 \& H_2 \& H_3 \& ... H_n; R_1 \& R_2 \& R_3 \& ... R_n)$.

Die Abkürzungen sollen den semantischen Status der betreffenden Komponenten der Konjunktion angeben.

Aus TS, das heißt aus den Theorien, Hilfshypothesen und den Sätzen, die Randbedingungen beschreiben, lassen sich, wenn TS einen hohen empirischen Gehalt hat, viele Prognosen ableiten.

Um die Falsifikationsproblematik herauszustellen, wollen wir eine Prognose P herausgreifen und annehmen, daß wir durch eine Beobachtung zu einem Satz P* gekommen sind, welcher der Prognose P widerspricht. Aus P* folgt also ¬P (nicht P). Nun stehen wir vor der Frage: Welcher Satz ist „problematischer", der Beobachtungssatz ¬P oder das theoretische System TS? Für den Forscher, der diese Frage zu beantworten hat, gilt hier das Gleiche wie im ersten, dem allereinfachsten Modell. Hält er den Basissatz ¬P für problematischer. dann ist für ihn das theoretische System TS nicht falsifiziert. Hält er hingegen ¬P für unproblematischer als TS, dann ist TS für ihn (bis auf weiteres) falsifiziert. Logisch sieht das so aus:

---

[18] Vgl. Gunnar Andersson, „Kritischer Rationalismus und Wissenschaftsgeschichte", in diesem Band, S. 24ff.

Nachdem P aus TS abgeleitet wurde, aber ¬P der Fall ist (ex hypothesis), kann mit Hilfe des modus tollens die Falschheit der Konklusion auf die Prämissenmenge zurückübertragen werden.

(TS ⊢ P, ¬P) ⊢ ¬TS.

Aus ¬TS folgt, daß mindestens ein Element von TS falsch sein muß. Es ist aber auch logisch möglich, daß mehrere oder gar alle Elemente aus TS falsch sind. *Das ist alles, was die Logik sagt.*

Wo der Fehler steckt, kann die Logik nicht sagen. Es liegt allein am Forscher zu entscheiden, wo er die Suche beginnen möchte. Es liegt auch an ihm, ob er sich dabei von methodischen Ratschlägen leiten lassen möchte oder nicht und ob er sich pragmatischen Überlegungen zuwenden möchte oder nicht. Aber: Wer die Forschung mit oder am TS fortsetzen und die Suche nach der Wahrheit nicht aufgeben möchte, *muß*, wenn er TS für falsifiziert hält, nach dem Fehler in TS suchen. *Das ist alles, was die Wissenschaftstheorie* des Kritischen Rationalismus *sagt.* Aus Sicht des Kritischen Rationalismus gibt es keine Regeln, welche die Fehlersuche anleiten könnten. Daher gibt dieser dem Forscher auch keine Regeln an die Hand.

Der Kritische Rationalismus bietet also weder Regeln, die zur Bildung einer Theorie führen, noch solche, welche die Fehlersuche anleiten könnten. Nach Popper ist die Aufgabe der Wissenschaftstheorie allein die Theoriebewertung — im wesentlichen komparative Bewertung miteinander konkurrierender Problemlösungen.

Daraus folgt, daß die Wissenschaftstheorie keinem Wissenschaftler vorschreiben kann, wie er zu wissenschaftlichen Erkenntnissen gelangen soll. Das bleibt dessen Kreativität und dessen Fähigkeit, den Kairos, die Gunst der Stunde, einzufangen, überlassen.

3. Ablehnung, Widerlegung und Präferenz einer Theorie

So wenig er den Weg zu neuen wissenschaftlichen Theorien mit methodologischen Regeln erschweren möchte, so sehr liegt es dem Kritischen Rationalismus fern, vorzuschreiben, *wie nach einer Falsifikation vorzugehen ist.* Eine widerlegte Theorie ist noch lange keine „abgelehnte" Theorie. Es kann vielerlei Gründe geben, eine widerlegte Theorie im technologischen Bereich weiter zu verwenden, u.a. dann, wenn sie zu Ergebnissen führt, deren Genauigkeit der für die praktische Aufgabe erforderlichen Präzision genügt oder mit jener der entsprechenden Meßinstrumente Schritt hält und die technische Verwendung der besseren Theorie sich als komplizierter, „teurer" erweisen sollte.

Der Frage der Theorienpräferenz kommt in der Forschung große Bedeutung zu. (Die Frage nach der Wissenschaftlichkeit einer Theorie stellt sich hingegen in der Praxis fast nie.) Das Problem der Theorienpräferenz stellt sich, sobald es konkurrierende Theorien gibt, d.h. Theorien zum selben Erklärungsbereich zur Verfügung stehen, deren Konsequenzen (zumindest von jeder Theorie eine) im logischen Widerspruch zueinander stehen.

Wenn zwei odere mehrere Theorien einander widersprechen, dann heißt das nicht, daß eine die andere(n) widerlegt.[19] Die Logik kann nur sagen, daß sie nicht beide wahr sein können. Widerlegt wird eine Theorie nur durch eine falsifizierende Hypothese (Basissatz bei Popper, ein theoretisches System bei Andersson). Die Widerlegung ist jedoch immer hypothetisch. Sie gilt nur unter der Voraussetzung, daß der Basissatz oder die falsifizierenden Hypothesen von TS unproblematischer sind als TS.

Der Basissatz selbst wiederum wird zwecks einer empirischen Überprüfung einer Theorie aufgestellt. Bevorzugen sollte man demnach diejenige Theorie unter den Konkurrentinnen, die sich bei diesen Tests am besten bewährt hat. Bevorzugen heißt in diesem Zusammenhang: wissenschaftstheoretisch bevorzugen. Für die Frage: welche Theorie verwende ich?, ist die wissenschaftstheoretische Präferenz aber *nicht* entscheidend.

4. Reproduzierbarkeit und die Ableitung unproblematischer Prüfsätze

Nicht alle Theorien machen es den Forschern leicht, prüfbare Konsequenzen abzuleiten. Ein Spezialfall empirischer Überprüfung ist dann gegeben, wenn z.B. eine Prognose Vorgänge in der Natur betrifft, die nur selten beobachtet werden können, wie das etwa bei einer Nova der Fall ist. Angenommen, die Beobachtbarkeit einer Nova zum Zeitpunkt t wird mit Hilfe einer bestimmten astronomischen Theorie A vorhergesagt. Und angenommen, die Nova wird auch tatsächlich von einem oder einigen Astronomen zum Zeitpunkt t beobachtet. Ferner sei angenommen, daß eine erneute Nova (die der weiteren Überprüfung von A dienen könnte) erst zu einem sehr viel späteren Zeitpunkt t', sagen wir in 1000 Jahren, beobachtbar ist und daß es nicht gelungen ist, sonstige aus A ableitbaren Sätze zur Überprüfung von A abzuleiten.

Unter diesen Voraussetzungen ist A zum Zeitpunkt t empirisch überprüft (und bewährt). Diese Überprüfung ist zwar für eine lange Zeit *faktisch* nicht reproduzierbar, aber sie ist *im Prinzip* reproduzierbar. Ob eine empirische Über-

---

[19] Aussagen wie z.B., „die klassische Punktmechanik sei durch die Relativitätstheorie und durch die Quantenmechanik widerlegt" (vgl. Hans Primas, „Vor-Urteile in den Naturwissenschaften", in diesem Band, S. 54) können daher Mißverständnisse auslösen.

prüfung einer Theorie nur zu bestimmten Zeitpunkten oder nur an gewissen Orten (Labor u.ä.) durchführbar ist, beeinflußt nicht den Status der Theorie. Wenn sich eine Theorie, nachdem sie aufgestellt wurde, zwar im Prinzip, aber nicht im nächsten, in einem überschaubaren Zeitraum testen läßt, dann bleibt die Frage ihrer Bewährung bzw. Falsifizierung bis zum nächsten Test offen. Gerät sie während dieser Zeit in Widerspruch zu einer oder mehreren anderen Theorien, dann ist sie *nicht* widerlegt. Erst eine empirische Prüfung kann zu ihrer Widerlegung führen. Insofern wird man, im Gegensatz zu Primas (wie auch etwa zu Kuhn), sagen können, daß nicht alle wissenschaftlichen Theorien widerlegt sind. Z.B. ist Einsteins Äquivalenzprinzip, wonach träge und schwere Masse sich proportional zu einander verhalten, trotz vieler Falsifikationsversuche bisher nicht widerlegt worden. Im Gegenteil, alle Versuche haben diese Theorie bewährt.

„Wissenschaftlich" im Sinne von Poppers Demarkationskriterium war das Äquivalenzprinzip allerdings bereits vor den ersten Falsifikationsversuchen, da es die prinzipielle Möglichkeit eines mit ihm im logischen Widerspruch stehenden Basissatzes eröffnete.

Die Wissenschaft steht jedoch *nicht* nur vor dem Problem, einen beobachtbaren Effekt reproduzieren zu *können*, sondern auch, wie Primas anführt, vor dem Problem, beobachtbare Effekte *nicht* reproduzieren zu *dürfen*. Als Beispiel führt er das Ozonloch an.[20] Tests an diesem könnten sich auf die klimatischen Verhältnisse auf der Erde katastrophal auswirken. Zur Vermeidung dieses Risikos empfiehlt es sich daher, auf solche Tests tunlichst zu verzichten.

Wenn die empirische Überprüfung einer Theorie aus technischen Gründen („nicht können") oder aus moralischen Gründen („nicht dürfen") zumindest für die nähere Zukunft ausbleibt, dann kann die Arbeit an dieser Theorie zum Erliegen kommen. Das ist aber *nur* dann der Fall, wenn es nicht gelingen sollte, aus der Theorie neue Prüfsätze (Prognosen) abzuleiten, die empirisch getestet werden können (dürfen).

Gelingt es aber solche Prüfsätze abzuleiten, dann ist eo ipso eine empirische Überprüfung der in Frage stehenden Theorie möglich. (Das folgt aus der Definition von „Prüfsatz".) Wenn dem Forscher z.B. Experimente mit dem Ozonloch aus außerwissenschaftlichen (z.B. moralischen) Gründen verboten sind, dann kann er versuchen, aus der Theorie, welche er anhand von Ozonlochexperimenten überprüfen könnte, es aber aus außerwissenschaftlichen Gründen nicht darf, andere Prüfsätze abzuleiten, die nicht unter dieses außerwissenschaftliche Tabu fallen, Prognosen, die z.B. im Labor überprüfbar sind. Ob die Suche nach solchen Prüfsätzen aussichtsreich ist, läßt sich natürlich nicht a priori feststellen.

---

20 Vgl. Hans Primas, „Vor-Urteile in den Naturwissenschaften", in diesem Band, S. 55.

Ähnlich ist die Situation, wenn zwei Wissenschaftler, die Aussagen über den *ein und denselben* Erklärungsbereich treffen, einander widersprechen und *unterschiedliche* Prüfsätze aufstellen.

Angenommen, Wissenschaftler W_1 stellt den Prüfsatz auf: In der Raum/Zeit-Region r ist das Ereignis E' zu beobachten, während sein Kollege W_2 behauptet, genau dort sei Ereignis E" zu beobachten. Für diesen Fall, daß die Prüfsätze E' und E" einander widersprechen und eine intersubjektive Einigung darüber nicht zustande kommt, könnte man versucht sein zu erklären, daß die beiden Theorien zum selben Erklärungsbereich *inkommensurabel* seien.

Gunnar Andersson hat gezeigt, daß in diesem Fall zunächst nur der Schluß gezogen werden kann, daß die Prüfsätze E' und E" problematisch sind. Es ist aber prinzipiell möglich, mit Hilfe *zusätzlicher* Hilfshypothesen aus den beiden problematischen Prüfsätzen unproblematische Prüfsätze abzuleiten. Somit ist es möglich, konkurrierende Theorien, die augenscheinlich empirisch inkommensurabel zu sein scheinen, als empirisch kommensurable Theorien darzustellen.[21]

Für den oben angedeuteten Fall, daß aus technischen oder moralischen Gründen ein prinzipiell beobachtbarer Effekt nicht reproduziert bzw. hergestellt werden kann oder darf, könnte das Ableiten unproblematischer Prüfsätze, wie sie hier zur empirischen Kommensurabilität konkurrierender Theorien angegeben wurde, als Modell dienen, wie man weiter verfahren kann: nämlich mit Hilfe zusätzlicher Hilfshypothesen zu versuchen, Prüfsätze, die aus technischen oder moralischen Gründen „problematisch" sind, durch solche zu ersetzen, die das nicht sind. Das logische Vorgehen wäre dabei dasselbe wie im Fall von empirisch kommsensurablen Theorien.

Ob es sich für den Erkenntnisfortschritt lohnt, nach solchen unproblematischeren Prüfsätzen Ausschau zu halten, ist freilich eine Frage, die von Fall zu Fall zu entscheiden ist — eine riskante Investitionsentscheidung. Die Wissenschaftstheorie kann diese Frage nicht beantworten. Aus Sicht des Kritischen Rationalismus ist nichts gegen das hier skizzierte Verfahren einzuwenden, solange die abgeleiteten Prüfsätze und die dabei verwendeten Hilfshypothesen falsifizierbar sind (im logischen Sinn). Eine Pointe hat das Verfahren aber zu einem gewissen Zeitpunkt nur dann, wenn die unproblematischen Prüfsätze auch technisch überprüfbar sind (sich also tatsächlich als „unproblematisch" erweisen können).

---

[21] Vgl. Gunnar Andersson, Kritik und Wissenschaftsgeschichte, Tübingen 1988, S. 186ff.; vgl. auch vom selben Autor dessen Beitrag in diesem Band.

IV. Schluß

Wir haben hier versucht, den möglichen Nutzen der Wissenschaftstheorie für die Wissenschaften aufzuzeigen. Eine Arbeitsteilung scheint uns durchaus sinnvoll: die empirische Arbeit (z.B. die eines Physikers) einerseits und die Analyse von Theorien andererseits. Der Wissenschaftstheoretiker kann die Kriterien der Theorienpräferenz artikulieren (und damit kritisierbar machen). Er kann dem Forscher helfen, der sich mit dem Problem konfrontiert sieht, herauszufinden, welche der konkurrierenden Theorien (und damit auch die Arbeit an dieser) den größten Erkenntnisgewinn verspricht, indem er ihm Bewertungskriterien an die Hand gibt.

Die Wissenschaftstheorie kann aber auch demjenigen Forscher, der sich mit Routineproblemen befaßt, helfen, besser zu verstehen, was er tut, wenn er erfolgreich ist, und damit dessen künftige Erfolgsaussichten noch verbessern. Die Frage, die sich dem Forscher stellt, ist jedoch die: Welche Methodologie wähle ich aus? Hier wurde dafür plädiert, daß die Methodologie des Kritischen Rationalismus eine gute Wahl wäre.

Autoren und Herausgeber

GUNNAR ANDERSSON, 1942, Professor für Philosophie an der Universität Umeå, Schweden, ist Herausgeber von *Rationality in Science and Politics* (1984) (Festgabe für Gerard Radnitzky zu dessen 60. Geburtstag) und (zusammen mit Gerard Radnitzky) Herausgeber u.a. von *Progress and Rationality in Science* (1978) und *The Structure and Development of Science* (1979), die beide auch in deutsch, spanisch und italienisch vorliegen.

Er ist Autor von *Kritik und Wissenschaftsgeschichte* (1988) und von zahlreichen wissenschaftlichen Aufsätzen in Fachzeitschriften.

PETER BERNHOLZ, 1929, Professor für Ökonomie an der Universität Basel seit 1971, vormals Technische Universität Berlin (1966-71), war 1963-64 Rockefeller Fellow an den Universitäten Harvard und Stanford sowie Gastprofessor an mehreren amerikanischen Hochschulen, u.a. an der Stanford University (1981) und der University of California in Los Angeles (1986/87). Seit 1974 ist er Mitglied des Wissenschaftlichen Beirates des Wirtschaftsministeriums der BRD. 1988-90 war er Mitglied der Macro-economic Policy Group der EG, von 1974-80 Präsident der European Public Choice Society.

Zu seinen zahlreichen Publikationen zählen u.a. *Grundlagen der Politischen Ökonomie* (3 Bände, 1972-79; 1984, 2. Auflage in einem Band), *Flexible Exchange Rates in Historical Perspective* (1982), *The International Game of Power* (1985) und *Geldwertstabilität und Währungsordnung* (1989). Zusammen mit Gerard Radnitzky ist er Herausgeber von *Economic Imperialism* (1987).

HARDY BOUILLON, 1960, ist Habilitationsstipendiat der Gerda Henkel Stiftung seit 1991.

Er ist Autor von *Ordnung, Evolution und Erkenntnis* (1991) und Herausgeber (zusammen mit Gerard Radnitzky) von *Universities in the Service of Truth and Utility* (1991), *Die ungewisse Zukunft der Universität* (1991) und *Ordnungstheorie und Ordnungspolitik* (1991).

HEINRICH ERBEN, 1921, Emeritus Professor für Paläontologie an der Universität Bonn, ist Mitglied zahlreicher nationaler und internationaler Gremien, u.a. der deutschen UNESCO-Kommission.

Er hat weit mehr als 100 wissenschaftliche Aufsätze verfaßt und ist Autor u.a. von *Die Entwicklung der Lebewesen* (1975), *Leben heißt Sterben* (1981), *Intelligenzen im Kosmos?* (1984), *Wissenschaft zwischen Verantwortung und Freiheit der Forschung* (1989) und *Evolution, Eine Übersicht sieben Jahrzehnte nach Ernst Haeckel* (1990).

BERNULF KANITSCHEIDER, 1939, ist seit 1974 Professor für Philosophie der Naturwissenschaften an der Universität Gießen.

Neben zahlreichen wissenschaftlichen Aufsätzen verfaßte er u.a. *Philosophisch-historische Grundlagen der physikalischen Kosmologie* (1971), *Vom absoluten Raum zur dynamischen Geometrie* (1974), *Die Philosophie der modernen Physik* (1979), *Wissenschaftstheorie der Naturwissenschaft* (1981), *Kosmologie* (1984), *Das Weltbild Albert Einsteins* (1988).

PETER MUNZ, 1921, ist Professor für Geschichte an der University of Wellington, Neuseeland.

Neben einer Vielzahl von wissenschaftlichen Aufsätzen schrieb er u.a. *The Place of Hooker in the History of Thought* (1952), *Problems of Religious Knowledge* (1959), *The Origin of the Carolingian Empire* (1960), *Relationship and Solitude* (1964), *The Feel of Truth* (1969), *When the Golden Bough Breaks* (1973), *Our Knowledge of the Growth of Knowledge* (1985).

KARL-DIETER OPP, 1937, ist seit 1971 Professor für Soziologie an der Universität Hamburg.

Zu seinen Publikationen zählen u.a., neben einer großen Zahl von Beiträgen zu wissenschaftlichen Fachzeitschriften, *Abweichendes Verhalten und Gesellschaftsstruktur* (1974), *Soziologie der Wirtschaftskriminalität* (1975), *Methodologie der Sozialwissenschaften* (1976, 2. Auflage), *Theorie sozialer Krisen* (1978), *Individualistische Sozialwissenschaft* (1979), *Die Entstehung sozialer Normen* (1983) und *Der Tschernobyl-Effekt* (1990, zusammen mit Wolfgang Roehl). Er ist Herausgeber u.a. von *Empirischer Theorienvergleich* (1990, zusammen mit Reinhard Wippler) und *Social Institutions* (1990, zusammen mit Reinhard Wippler und Michael Hechter).

HANS PRIMAS, 1928, ist seit 1961 Professor für Physikalische und Theoretische Chemie an der ETH in Zürich.

Er ist Autor zahlreicher wissenschaftlicher Aufsätze und Autor u.a. von *Chemische Bindung* (1975, 2. Auflage), *Elemente der Gruppentheorie* (1978), *Chemistry, Quantum Mechanics, and Reductionism* (1983, 2. Auflage) und *Elementare Quantenmechanik* (zusammen mit Ulrich Müller-Herold, 1990, 2. Auflage).

Printed by Libri Plureos GmbH
in Hamburg, Germany